Diangong Jineng Peixun

电工技能培训

主　编　郭朝智　冯晓杰

副主编　温惠萍　肖南京　刘清耀　董细凤

·广州·

图书在版编目（CIP）数据

电工技能培训 / 郭朝智，冯晓杰主编. -- 广州：华南理工大学出版社，2025.8. -- ISBN 978-7-5623-8080-1

Ⅰ.TM

中国国家版本馆CIP数据核字第202562ZU47号

Diangong Jineng Peixun

电工技能培训

郭朝智　冯晓杰　主编

出 版 人：**房俊东**
出版发行：华南理工大学出版社
　　　　　（广州五山华南理工大学17号楼，邮编510640）
　　　　　http：//hg.cb.scut.edu.cn　E-mail：scutc13@scut.edu.cn
　　　　　营销部电话：020-87113487　87111048（传真）
策划编辑：孙华键
责任编辑：陈　超
责任校对：詹伟文
印 刷 者：广州小明数码印刷有限公司
开　　本：787 mm×1092 mm　1/16　印张：8.5　字数：201千
版　　次：2025年8月第1版　印次：2025年8月第1次印刷
定　　价：28.00元

版权所有　盗版必究　印装差错　负责调换

前 言

《电工技能培训》依据电工中级职业技能等级认定标准而编写，适用于电工四级职业技能培训，主要内容包括模块一"继电控制电路装调技能"、模块二"机床电气控制电路调修技能"、模块三"可编程控制器控制电路装调技能"、模块四"基本电子电路装调维修技能"和模块五"常见电力电子装置调试维护技能"等内容。编者结合多年教学实践经验，在实施企业新型学徒制培训的校企合作工作基础上，依据电工中级职业技能等级认定标准和企业岗位需求，精心编写了本书，并且制作了电子课件、视频微课等配套的数字化教学资源。本书既可作为电工四级技能培训教材，也可作为参加电工中级职业等级考试的学习用书。

本书由韶关市技师学院组织编写，由郭朝智、冯晓杰担任主编，李玉军、温惠萍、肖南京、刘清耀、董细凤担任副主编。模块一的任务一和任务二、模块二的任务二和任务三、模块三的任务一和任务二、模块四的任务一、模块五由郭朝智编写，模块一的任务三和任务四由刘清耀编写，模块二的任务一由肖南京编写，模块三的任务三由温惠萍编写，模块三的任务四由李玉军编写，模块四的任务二和任务三由董细凤编写，广东松山职业技术学院的冯晓杰老师负责微课视频的剪辑制作。本书在成书和出版过程中得到了韶关市技师学院的大力支持，在此表示衷心的感谢！

电工的知识、技术、技能涉及范围广、发展更新快，书中难免有不当之处，恳请读者对本书提出意见和建议，以使其日渐完善。

编 者
2025年1月

目　录

模块一　继电控制电路装调技能 …………………………………………………………… 1
　任务一　带能耗制动的双重互锁正反转控制线路的安装与调试 …………………………… 1
　任务二　带直流能耗制动的星-三角降压启动控制线路的安装与调试 …………………… 8
　任务三　双速三相异步电动机自动变速控制线路的安装与调试 ………………………… 17
　任务四　三相异步电动机四点限位控制线路的安装与调试 ……………………………… 23

模块二　机床电气控制电路调修技能 …………………………………………………… 30
　任务一　C6140型卧式车床电气控制线路故障检查、分析及排除 ……………………… 30
　任务二　Z3050型摇臂钻床电气控制线路故障检查、分析及排除 ……………………… 42
　任务三　M7130型平面磨床电气控制线路故障检查、分析及排除 ……………………… 49

模块三　可编程控制器控制电路装调技能 ……………………………………………… 57
　任务一　PLC控制三相异步电动机实现双重联锁正反转控制线路改造 ………………… 57
　任务二　PLC控制三相异步电动机实现工作台自动往返控制线路改造 ………………… 65
　任务三　PLC控制三相异步电动机实现星-三角降压启动控制线路改造 ………………… 73
　任务四　PLC控制两台三相异步电动机实现顺序启动逆序停止控制线路改造 ……… 81

模块四　基本电子电路装调维修技能 …………………………………………………… 88
　任务一　W7812三端稳压电路的焊接与调试 ……………………………………………… 88
　任务二　LM317三端可调稳压电路焊接与调试 …………………………………………… 97
　任务三　晶闸管调光电路焊接与调试 ……………………………………………………… 103

模块五　常见电力电子装置调试维护技能 ……………………………………………… 110
　任务一　面板操作MD320变频器控制三相异步电动机点动及正反转运行线路的
　　　　　安装与调试 ……………………………………………………………………… 110
　任务二　直流充电桩电路的运行维护与故障处理 ……………………………………… 120

参考文献 …………………………………………………………………………………… 127

模块一　继电控制电路装调技能

任务一　带能耗制动的双重互锁正反转控制线路的安装与调试

【任务目标】

1. 知识目标

(1) 了解能耗制动原理。
(2) 认识时间继电器符号以及理解其含义。
(3) 掌握单相半波整流单向启动能耗制动自动控制线路的构成和工作原理。

2. 能力目标

(1) 能正确使用时间继电器。
(2) 能正确安装并调试带能耗制动的双重互锁正反转控制线路。
(3) 培养学生分析问题、解决问题的能力。

3. 思政素养目标

(1) 培养学生安全文明生产的职业素养。
(2) 弘扬爱岗敬业、精益求精的工匠精神。

【任务描述】

按照电气安装规范，依据电气原理图完成带能耗制动的双重互锁正反转控制线路的安装、接线和调试。

【任务实施】

一、任务准备

任务准备清单参照表1-1-1。

表1-1-1　工具、仪表及器材

序号	名称	规格	数量	备注
1	电力拖动实训设备	自定	1台	包含任务中必需的电器
2	常用电工工具	自定	若干	螺丝刀、尖嘴钳、剥线钳、电笔等
3	常用电工仪表	自定	若干	万用表、兆欧表等
4	导线	自定	若干	

二、相关知识

（一）能耗制动原理

如图 1-1-1 所示，断开开关 QS_1，切断电动机交流电源后，转子由于惯性仍沿原方向运转，随后合上开关 QS_2，电动机 V、W 两相定子绕组通入直流电，使定子产生一个恒定的静止磁场，这时做惯性运转的转子因切割磁感线而在转子绕组中产生感应电流（右手定则判断其方向）。转子绕组一旦产生感应电流，就立即受到静止磁场的作用，产生电磁作用力（用左手定则判断其方向），此电磁作用力的方向正好与电动机的转向相反，使电动机受制动迅速停转。这种在电动机切断交流电源后，通过立即在定子绕组的任意两相中通入直流电，以消耗转子惯性运转的动能来进行制动的方法，称为能耗制动。

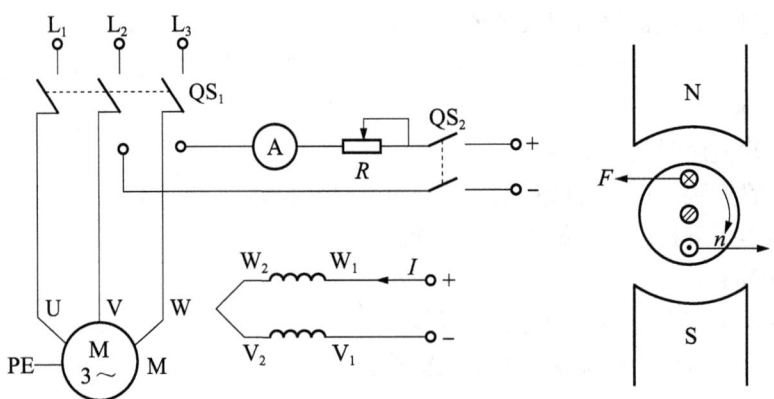

图 1-1-1 能耗制动原理图

（二）时间继电器

时间继电器是一种利用电磁原理或机械动作原理来实现触头延时闭合或分断的自动控制电器，它广泛应用于需要按时间顺序进行自动控制的电气线路中，常用的种类主要有空气阻尼式、电磁式、电动式、晶体管式等类型。时间继电器的符号及其含义如图 1-1-2 所示。

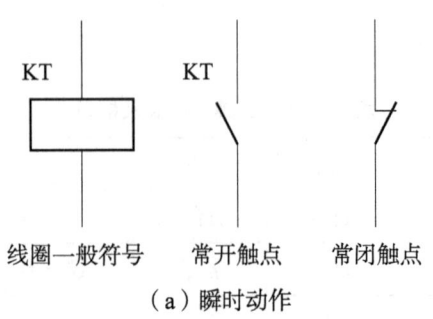

（a）瞬时动作

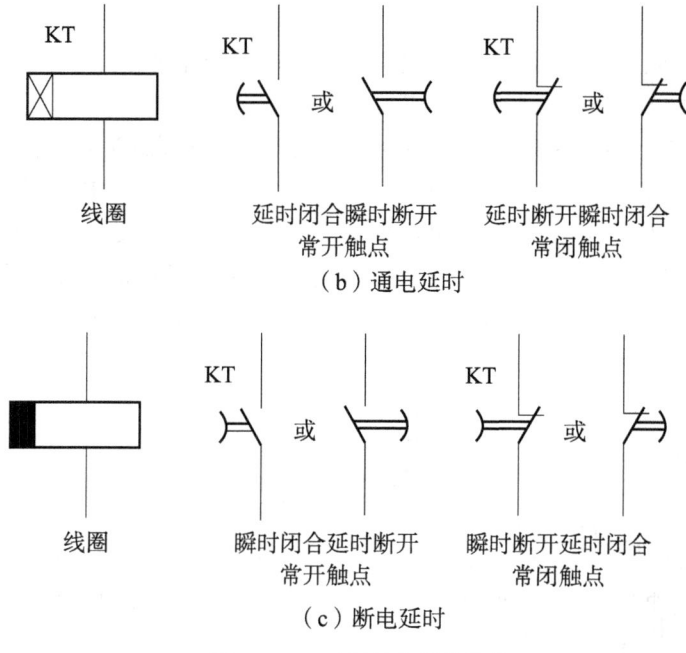

图 1-1-2 时间继电器的符号

晶体管式时间继电器又称为半导体时间继电器或电子式时间继电器,按结构可分为阻容式和数字式两类,按延时方式可分为通电延时型、断电延时型和带瞬动触头的通电延时型三类。JS20 系列晶体管式时间继电器适用于交流 50 Hz/380 V 及以下,或直流电压 110 V 及以下的控制电路中作延时器件,具有质量轻、精度高、寿命长、通用性强等优点,其外观及接线示意如图 1-1-3 所示。

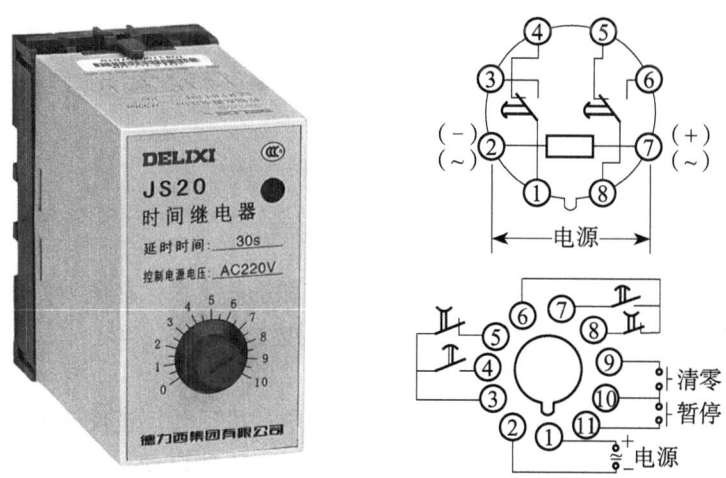

图 1-1-3 JS20 时间继电器外观及接线示意图

(三) 单相半波整流单向启动能耗制动自动控制线路

单向半波整流单向启动能耗制动自动控制线路的工作原理如图 1-1-4 所示,先合上电源开关QS。

1. 单向启动运转：按下SB$_1$→KM$_1$线圈得电→（KM$_1$自锁触头闭合自锁/KM$_1$主触头闭合/KM$_1$联锁触头分断）→电动机M启动运转。

2. 能耗制动停转：按下SB$_2$→（SB$_2$常闭触头先分断/常开触头后闭合）→（KM$_1$自锁触头分断解除自锁/KM$_1$主触头分断M失电/KM$_1$联锁触头闭合）→KM$_2$线圈和KT线圈得电→（KM$_2$联锁触头分断/KM$_2$主触头闭合/KM$_2$自锁触头闭合自锁/KT常闭触头瞬时闭合）→电动机M接入直流电能耗制动→KT延时断开常闭触头分断→KM$_2$线圈失电→（KM$_2$联锁触头恢复闭合/KM$_2$主触头分断/KM$_2$自锁触头分断）→切断直流电源电动机M停转/KT线圈失电使其常开触头瞬时复位分断。

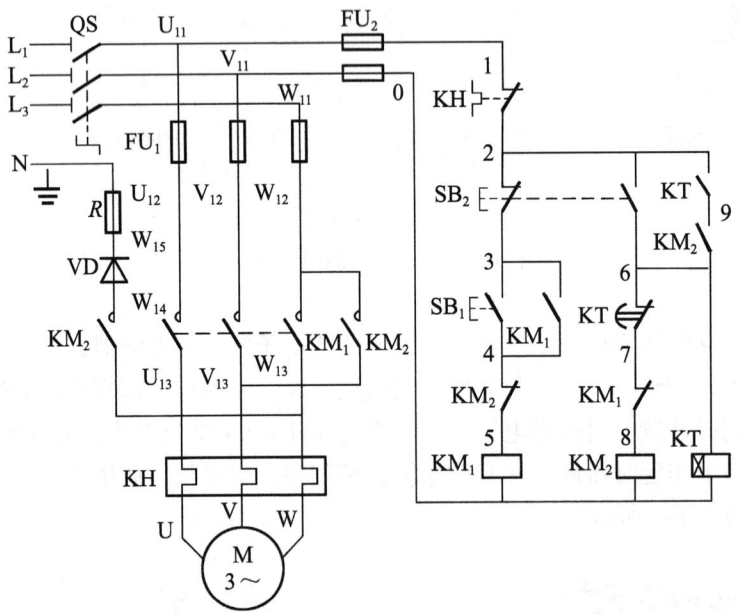

图1-1-4 单相半波整流单向启动能耗制动自动控制线路

三、技能实训

（一）提出任务

依据图1-1-5所示电路图，按照以下控制要求和工艺要求，在电力拖动实训设备上完成带能耗制动的双重互锁正反转控制线路的安装、接线和调试。

（1）根据电路图正确安装接线。

（2）按下正转按钮电动机正转，按下反转按钮电动机反转，正反转可自由切换，按下停止按钮电动机立即停止，此时进行能耗制动，电动机不能启动，到达指定整定时间以后电动机方可启动。

（3）时间继电器整定为3秒。

（4）接线牢固，布线合理，导线走线槽安装。

（5）热继电器和三相电动机连接部分要求有线号管、压接线针或线叉工艺。

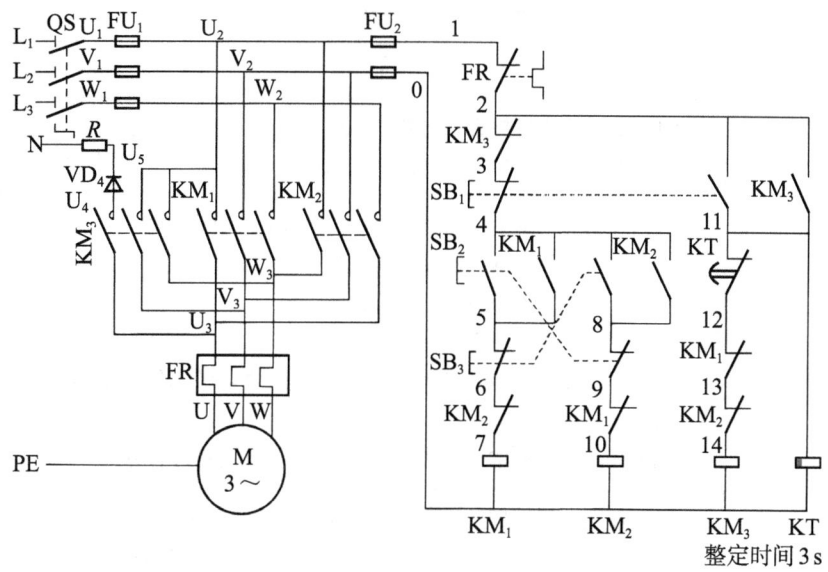

图 1-1-5　带能耗制动的双重互锁正反转控制线路

（二）实训过程

1. 实训步骤

（1）对照图 1-1-5 检查电力拖动实训设备的器件布局，查漏补缺，装配布置好对应的电器元件。

（2）按照电路图和工艺要求进行控制电路的接线，参照线号顺序依次接线，即一环一环地接。

（3）全部接好后，用万用表进行静态检测，测量部分线点之间的电阻，检测是否满足逻辑阻值，以此判断是否存在虚接、漏接、错接等。

（4）静态测量无误（主要指 0 和 1 点之间无短路现象）后通电调试。

2. 注意事项

（1）时间继电器的整定时间不宜过长，以免制动时间过长引起定子绕组发热。

（2）进行制动时，停止按钮 SB_1 要按到底。

（3）通电试车时，必须有指导教师在场，同时做到安全操作、文明生产。

【任务评价】

任务的评分标准参照表 1-1-2。

表 1-1-2 评分标准

序号	项目	配分	评 分 标 准	扣分	得分
1	装前检查	10分	（1）电动机质量检查，每处扣5分； （2）电器元件漏检或错检，每处扣1分		
2	线路安装	40分	（1）导线不入线槽，或入槽线分布杂乱，每处扣1分； （2）引线排列混乱，不合理，每处扣0.5分； （3）损伤导线绝缘或线芯，每根扣1分； （4）损坏元件，每个扣3分； （5）有露铜、线槽外面导线混乱、压绝缘层等不符合安装规范处，每处扣1分； （6）外接引出线不经接线端子排接线，每根导线扣1分		
3	通电测试	40分	（1）按下正反转按钮后，电机不能正反转，各扣5分； （2）电机能启动，按下切换按钮电机不能正反转切换，扣3分； （3）按下停止按钮，电机不能正常停止，能耗制动错误，扣5分； （4）电机不能进行保护，扣3分； （5）时间继电器整定错误，扣1分； （6）通电测试过程中元件出现烧毁、损坏，扣5分		
4	安全文明生产	10分	（1）违反安全操作规程，扣3分； （2）操作现场工具、器具、仪表、材料摆放不整齐，扣2分； （3）劳动保护用品佩戴不符合要求，扣2分		
5	超时扣分		若未在规定时间（1.5小时）内完成，经教师同意，可适当延时，每超时5分钟，扣2分，以此类推		
说明：以上各项扣分最多不超过该项所配分值				成绩	
开始时间			结束时间	实际时间	

【课后习题】

一、填空题

1. 无论是通电延时型还是断电延时型时间继电器的安装，都必须使其断电后释放时的衔铁运动方向垂直向下，其倾斜度不得超过（　　　　）。

2. 时间继电器的（　　　　）应预先在不通电时整定好，并在试车时校正。

3. 精度要求较高的场合一般选用（　　　　）时间继电器。

4. 能耗制动又称（　　　　），是当电动机切断交流电源后，立即在定子绕组的任意两相中通入（　　　　），迫使电动机迅速停转的方法。

5. 能耗制动一般用于制动要求（   ）、（   ）的场合。

6. 选用时间继电器时，应根据控制系统的（   ）和（   ）选择其类型和系列。根据控制线路的要求选择时间继电器的（   ），根据控制线路电压选择时间继电器（   ）的电压。

二、判断题

1. 能耗制动的优点是制动力强，缺点是能量消耗较大。（   ）
2. 时间继电器金属底板上的接地螺钉必须与接地线可靠连接。（   ）

三、综合题

1. 简述能耗制动原理。
2. 什么是时间继电器？画出时间继电器的各种符号并说明其含义。

任务二　带直流能耗制动的星-三角降压启动控制线路的安装与调试

【任务目标】

1. **知识目标**

（1）掌握三相异步电动机定子绕组的连接方法。
（2）了解单相桥式全波整流电路的组成及其输入输出特性。
（3）理解星-三角降压起动控制线路的工作原理。

2. **能力目标**

（1）能计算能耗制动所需的直流电源。
（2）能根据实际情况正确选择常用低压电器的规格型号。
（3）能正确安装并调试带能耗制动的星-三角降压启动控制线路。
（4）培养学生分析、解决问题的能力。

3. **思政素养目标**

（1）培养学生安全文明生产的职业素养。
（2）弘扬爱岗敬业、精益求精的工匠精神。

【任务描述】

按照电气安装规范，依据电气原理图试完成带能耗制动的星-三角降压启动控制线路的安装、接线和调试。

【任务实施】

一、任务准备

任务准备清单参照表1-2-1。

表1-2-1　工具、仪表及器材

序号	名称	规格	数量	备注
1	电力拖动实训设备	自定	1台	包含任务中必需的电器
2	常用电工工具	自定	若干	螺丝刀、尖嘴钳、剥线钳、电笔等
3	常用电工仪表	自定	若干	万用表、兆欧表等
4	导线	自定	若干	

二、相关知识

(一) 三相异步电动机定子绕组连接方法

1. 星形接法

星形接法也称为Y形接法，它是将三相异步电动机定子的三个绕组的末端U_2、V_2、W_2连接在一起，形成一个公共点，从始端U_1、V_1、W_1引出三条端线，如图1-2-1所示。在星形接法中，三相电的线电压是相电压的$\sqrt{3}$倍（根号3倍），而线电流等于相电流。

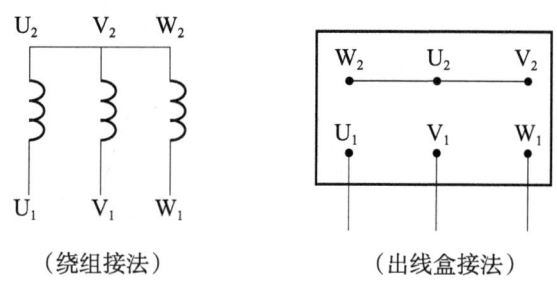

图1-2-1 三相异步电动机定子绕组星形接法

2. 三角形接法

三角形接法是将三相异步电动机定子的各相绕组依次首尾相连，并从每个相连的点引出三条端线，如图1-2-2所示。在三角形接法中，三相电的线电压等于相电压，而线电流是相电流的$\sqrt{3}$倍。

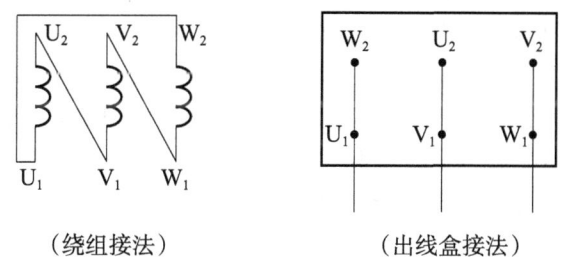

图1-2-2 三相异步电动机定子绕组三角形接法

(二) 单相桥式全波整流电路

单相桥式全波整流电路由4个整流二极管组成，如图1-2-3所示。在交流电输入正弦波的前半周期V_1和V_4导通，V_2和V_3截止，输出上正下负的直流电；后半周期V_2和V_3导

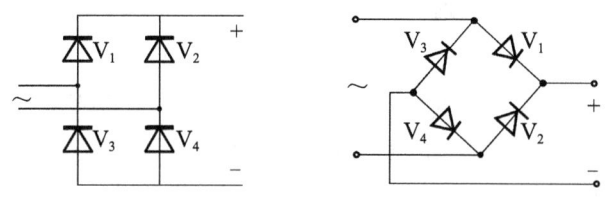

图1-2-3 单相桥式全波整流电路

通，V_1 和 V_4 截止，仍输出上正下负的直流电；这样就形成了全波整流效果，如图 1-2-4 所示。单相桥式全波整流电路输出的直流电压值约等于 0.9 倍的输入交流电压有效值，即 $U_o=0.9U_i$。

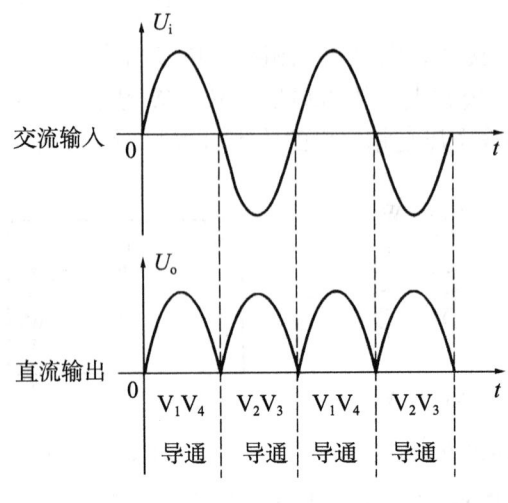

图 1-2-4 波形图

（三）能耗制动所需直流电源

一般用估算法计算能耗制动所需的直流电源，以单相桥式整流电路为例，具体步骤如下。

步骤一，测量出电动机三根进线中任意两根之间的电阻值 $R(\Omega)$。

步骤二，测量出电动机的进线空载电流 $I_0(A)$。

步骤三，能耗制动所需的直流电流 $I_L(A)=KI_0$，所需的直流电压 $U_L(V)=I_LR$，其中系数 K 一般取 3.5~4。考虑到电动机定子绕组的发热情况，并使电动机达到比较满意的制动效果，对转速高、惯性大的传动装置可取其上限。

步骤四，单相桥式整流电源变压器二次绕组电压和电流有效值分别为：

$$U_2=U_L/0.9（V）$$
$$I_2=I_L/0.9（A）$$

变压器容量为：

$$S=U_2 \cdot I_2（VA）$$

若制动不频繁，可取变压器实际容量为：

$$S'=(1/3 \sim 1/4)S$$

（四）常用低压电器的选用原则

1. 导线载流量

导线的安全载流量取决于导线的截面积、材料、长度、散热条件等因素，导线载流量对照表如表 1-2-2 所示。6 kW 功率的用电器需用多少平方的导线？如果是单相用电器，由 $P=UI$ 得出 $I=P/U=6000/220=27.27$ A，再以 40℃的环境条件，查表 1-2-2 可选 4 mm² 铝芯线或者2.5 mm² 铜芯线。如果是三相用电器，由 $P=\sqrt{3}UI\cos\theta$ 得出 $I=P/\sqrt{3}U\cos\theta=6000\div(1.732\times380\times0.8)=11.4$ A，再以35℃的环境条件，查表1-2-2可选1.5 mm² 铝芯线或者1 mm² 铜芯线。

表1-2-2 导线载流量对照表

单位：A

截面/mm²	铝芯（BLV）				铜芯（BV、BVR）			
	25℃	30℃	35℃	40℃	25℃	30℃	35℃	40℃
1					20	19	18	17
1.5	19	18	17	16	25	24	23	21
2.5	27	25	24	22	34	32	30	28
4	34	32	30	28	45	42	40	37
6	45	42	40	37	58	55	52	48
10	63	59	55	51	80	75	71	65
16	85	80	75	70	111	105	99	91
25	111	105	99	91	146	138	130	120
35	138	130	122	113	180	170	160	148
50	175	165	155	144	228	215	202	187
70	217	205	193	178	281	265	249	231
95	265	250	235	218	345	325	306	283
120	302	285	268	248	398	375	353	326
150	345	325	306	283	456	430	404	374

2. 熔断器规格的选用

（1）熔断器类型的选用。在短路电流大或有易燃气体的环境中，应选用RT0系列有填料封闭管式熔断器；在机床控制线路中，多选用RL系列螺旋式熔断器；用于半导体功率元件及晶闸管的保护时，应选用RS系列快速式熔断器。

（2）熔断器额定电压和额定电流的选用。熔断器的额定电压必须等于或大于线路的额定电压；熔断器的额定电流必须等于或大于所装熔体的额定电流。

（3）熔体额定电流的选用。①对照明和电热等电流较平稳、无冲击电流的负载的短路保护，熔体的额定电流应等于或稍大于负载的额定电流。②对一台不经常启动且启动时间不长的电动机的短路保护，熔体的额定电流应大于或等于1.5～2.5倍电动机的额定电流。③对多台电动机的短路保护，熔体的额定电流应大于或等于其中最大容量电动机的额定电流的1.5～2.5倍，再加上其余电动机额定电流的总和。

3. 低压断路器的选用

（1）低压断路器的额定电压和额定电流应不小于线路、设备的正常工作电压和工作电流。

（2）脱扣器的动作电流应等于所控制负载的额定电流。

（3）电磁脱扣器的瞬时动作整定值应大于负载电路正常工作时的峰值电流。用于控制电动机的断路器，其瞬时动作整定值可按 $I_Z \geqslant K \cdot I_{st}$ 选取，其中，I_Z 是瞬时动作整定值，K 是安全系数，一般取 1.5～1.7，I_{st} 是电动机的启动电流。

（4）欠压脱扣器的额定电压应等于线路的额定电压。

（5）断路器的分断能力应不小于电路的最大短路电流。

4. 接触器的选用

（1）根据接触器所控制的负载性质选择其类型（交流、直流）。

（2）接触器主触头的额定电压应大于或等于所控制线路的额定电压。

（3）接触器主触头的额定电流应大于或等于负载的额定电流。控制电动机时，可按经验公式 $I_C = P_N / K U_N$ 计算（仅适用于 CJ10 系列接触器），其中 I_C 是主触头额定电流，P_N 是电动机额定功率（W），K 是经验系数，取 1～1.4，U_N 是电动机的额定电压（V）。其他可按公式 $P_N = \sqrt{3} U_N I_N \cos\theta$ 先求出线路额定电流 I_N，再选 $I_C \geqslant I_N$。

（4）线圈额定电压的选择原则是当控制线路简单、使用电器较少时，可选用 380 V 或 220 V 电压的线圈；若线路较复杂、使用电器较多，则选用 36 V 或 110 V 电压的线圈。

5. 热继电器的选用

热继电器的额定电流略大于电动机的额定电流，热元件的整定电流应为电动机额定电流的 0.95～1.05 倍，若定子绕组作星形连接的电动机选用普通三相结构的热继电器，则定子绕组作三角形连接的电动机选用带断相保护装置的三相结构热继电器。

（五）星-三角降压启动控制线路

1. 手动式

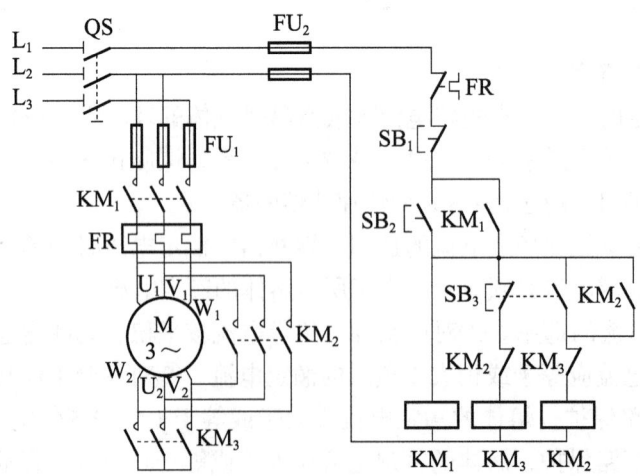

图 1-2-5　手动式星-三角降压启动控制线路

手动式星-三角降压启动控制线路如图1-2-5所示，其工作原理是：合上开关QS后，先按下启动按钮SB_2，接触器KM_1和KM_3线圈同时得电→（KM_1自锁触头闭合自锁/KM_1主触头闭合/KM_3主触头闭合）→电动机M星形连接启动；接着按下SB_3→（接触器KM_3线圈失电/同时接触器KM_2线圈得电）→（KM_3主触头断开/KM_3联锁触头复位闭合/KM_2自锁触头闭合自锁/KM_2联锁触头断开/KM_2主触头闭合）→电动机M三角形连接运行。按下停止按钮SB_1，接触器KM_1、KM_2线圈失电，所有对应的触点复位，电动机M停止运行。

2. 自动式

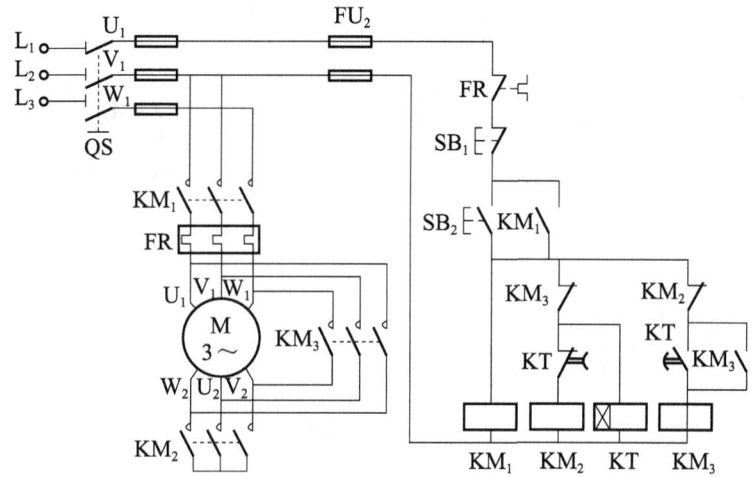

图1-2-6 时间继电器自动控制的星-三角降压启动控制线路

时间继电器自动控制的星-三角降压启动控制线路如图1-2-6所示，采用时间继电器自动切换。其工作原理是：合上QS开关，按下启动按钮SB_2→接触器KM_1、KM_2以及时间继电器KT的线圈同时得电→（KM_1自锁触头闭合/KM_1主触头闭合/KM_2联锁触头断开/KM_2主触头闭合）→电动机接通电源星形连接启动→等待时间继电器KT的设定时间到，其常闭触头KT自动断开/常开触头KT自动闭合→KM_2线圈失电，则其对应所有触点复位→KM_3线圈得电→（KM_3自锁触头闭合/KM_3主触头闭合/KM_3联锁触头断开）→电动机自动切换到三角形连接运行。按下停止按钮SB_1→电动机M停止运转。

三、技能实训

（一）提出任务

依据图1-2-7所示电路图，按照以下控制要求和工艺要求，在电力拖动实训设备上完成带直流能耗制动的星-三角降压启动控制线路的安装、接线和调试。

（1）根据电路图正确安装接线。

（2）按下启动按钮，电动机以星形降压启动，到达时间继电器整定时间后以三角形运行，按下停止按钮产生能耗制动，使电动机停止。

（3）时间继电器整定为3秒。

（4）接线需紧固，布线合理，导线要进线槽。

（5）连接电源、电动机及按钮的外接引出线须经接线端子连接。

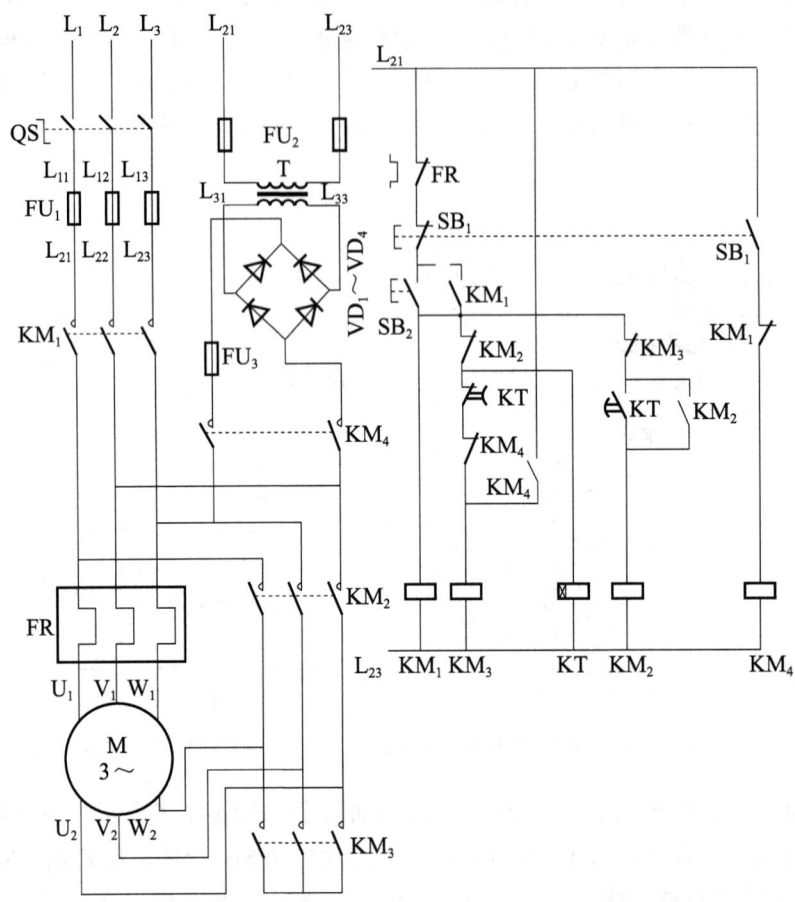

图 1-2-7 带直流能耗制动的星-三角降压启动控制线路

（二）实训过程

1. 实训步骤

（1）对照图 1-2-7 检查电力拖动实训设备的器件布局，查漏补缺，布置装配好对应的电器元件。

（2）按照电路图和工艺要求进行电路的接线，先接主电路后接控制电路。

（3）全部接好后，用万用表进行静态检测，测量部分线点之间的电阻，检测是否满足逻辑阻值，以此判断是否存在虚接、漏接、错接等。

（4）通电调试，达到控制要求。

2. 注意事项

（1）用星-三角降压启动的电动机，应有 6 个出线端子，且定子绕组在三角形接法时的额定电压等于三相电源的线电压。

（2）接线时，要保证电动机三角形接法的正确性，即接触器主触头闭合时，应使定子

绕组的 U_1 与 W_2、V_1 与 U_2、W_1 与 V_2 相连接。

(3) 星形接触器主触头的进线须从三相定子绕组的末端引入,若误从其首端引入,则会在主触头吸合时,产生三相电源短路事故。

(4) 通电调试前,先检查一下熔体规格,时间继电器、热继电器的整定值是否符合要求。通电试车时,必须有指导教师在场,同时做到安全操作和文明生产。

【任务评价】

任务的评分标准参照表1-2-3。

表1-2-3 评分标准

序号	项目	配分	评分标准	扣分	得分
1	装前检查	10分	(1) 电动机质量检查,每处扣5分; (2) 电器元件漏检或错检,每处扣1分		
2	线路安装	40分	(1) 导线不入线槽,或入槽线分布杂乱,每处扣1分; (2) 引线排列混乱,不合理,每处扣0.5分; (3) 损伤导线绝缘或线芯,每根扣1分; (4) 损坏元件,每个扣3分; (5) 有露铜、线槽外面导线混乱、压绝缘层等不符合安装规范处,每处扣1分; (6) 外接引出线不经接线端子排接线,每根导线扣1分		
3	通电测试	40分	(1) 按下启动按钮后,电机不能启动,扣5分; (2) 电机能启动,但不能切换三角形运行,扣3分; (3) 按下停止按钮,电机不能正常停止,能耗制动错误,扣5分; (4) 时间继电器整定错误,扣1分; (5) 通电测试过程中元件出现烧毁、损坏,扣5分		
4	安全文明生产	10分	(1) 违反安全操作规程,扣3分; (2) 操作现场工具、器具、仪表、材料摆放不整齐,扣2分; (3) 劳动保护用品佩戴不符合要求,扣2分		
5	超时扣分		若未在规定时间(1.5小时)内完成,经教师同意,可适当延时,每超时5分钟,扣2分,以此类推		
说明:以上各项扣分最多不超过该项所配分值				成绩	
开始时间			结束时间	实际时间	

【课后习题】

一、填空题

1. 负载为 7.5 kW 的三相异步电动机,主电路应该选择（　　　　）mm² 的铜导线。
2. 负载为 11 kW 的三相异步电动机,应选额定电流为（　　　　）A 的交流接触器。
3. 负载为 7.5 kW 的三相异步电动机,应选额定电流为（　　　　）A 的断路器。
4. 负载为 22 kW 的三相异步电动机,应选额定电流为（　　　　）A 的热继电器。
5. 中间继电器可在电流为（　　　　）A 以下的电气控制电路中替代接触器。

二、判断题

1. 熔断器用于三相异步电动机的短路保护。(　　)
2. 低压断路器的作用包括短路保护、失压保护、过载保护。(　　)
3. 接触器的额定电压应不小于主电路的工作电压。(　　)
4. 热继电器的复位方式有自动复位和手动复位。(　　)
5. 断路器中过电流脱扣器的额定电流应该大于等于线路的最大负载电流。(　　)

三、综合题

1. 三相异步电动机为何要进行降压启动？常见的降压启动方法有哪几种？
2. 星－三角降压启动适用于什么场合？其启动电压、启动电流和启动转矩分别是正常工作时的多少倍？

任务三　双速三相异步电动机自动变速控制线路的安装与调试

【任务目标】

1. **知识目标**
（1）了解双速三相异步电动机的定子绕组联结。
（2）掌握双速三相异步电动机自动变速控制线路的构成和工作原理。
（3）掌握双速三相异步电动机控制线路的安装方法与接线工艺。

2. **能力目标**
（1）能正确安装并调试双速三相异步电动机自动变速控制线路。
（2）培养学生分析问题、解决问题的能力。

3. **思政素养目标**
（1）培养学生安全文明生产的职业素养。
（2）弘扬爱岗敬业、精益求精的工匠精神。

【任务描述】

按照电气安装规范，依据电气原理图试完成双速三相异步电动机自动变速控制线路的安装、接线和调试。

【任务实施】

一、任务准备

任务准备清单参照表1-3-1。

表1-3-1　工具、仪表及器材

序号	名称	规格	数量	备注
1	电力拖动实训设备	自定	1台	包含任务中必需的电器
2	常用电工工具	自定	若干	螺丝刀、尖嘴钳、剥线钳、电笔等
3	常用电工仪表	自定	若干	万用表、兆欧表等
4	导线	自定	若干	

二、相关知识

（一）双速三相异步电动机的定子绕组联结

改变定子绕组的磁极对数（变极）是常用的一种调速方法，双速三相异步电动机就是变极调速的一种形式。如图 1-3-1 所示，图 a 为双速三相异步电动机定子绕组的 △ 接法，三相绕组的接线端子 U_1、V_1、W_1 与电源线连接，U_2、V_2、W_2 三个接线端悬空，三相定子绕组接成 △ 形。图 b 为双速三相异步电动机定子绕组的 YY 接法，接线端子 U_1、V_1、W_1 连接在一起，U_2、V_2、W_2 三个接线端与电源线连接。定子绕组采用 △ 接法时，为低速；采用 YY 接法时，为高速。定子绕组接成三角形时，电动机磁极对数为 4，同步转速为 1500 r/min；定子绕组接成双星形（YY）时，电动机磁极对数为 2，同步转速为 3000 r/min。

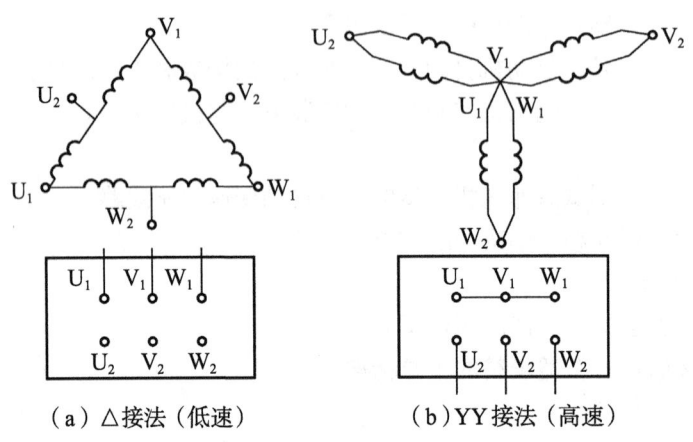

（a）△接法（低速）　　　（b）YY接法（高速）

图 1-3-1　双速三相异步电动机的定子绕组联结

电动机在接线时的相序不能接错，否则，在高速（YY 接法）时电动机将会反转，产生很大的冲击电流。另外，电动机在高速、低速运行时的额定电流不相同。

（二）双速三相异步电动机自动变速控制线路的工作原理

接触器控制双速电动机的电路如图 1-3-2 所示，开关 SA 是具有三个挡位的转换开关，控制切换双速电动机停止、低速及高速运行的三种状态；而时间继电器 KT 控制双速电动机 △ 形启动时间和 △-YY 的自动换接运转。

图 1-3-2 中用了三个接触器控制电动机定子绕组的连接方式：当接触器 KM_1 的主触点闭合，KM_2、KM_3 的主触点断开时，电动机定子绕组为 △ 形接法，对应低速运行；当 KM_1 的主触点断开，KM_2、KM_3 的主触点闭合时，电动机定子绕组为 YY 形接法，对应高速运行。为了避免高速挡起动电流对电网的冲击，线路在高速挡时，先以低速启动待启动电流过去后，再自动切换到高速运行。

线路的工作原理如下：先合上电源开关 QS。当 SA 扳到中间位置时，为"停止"位，电动机不工作。当 SA 扳到"低速"挡位时，接触器 KM_1 线圈得电动作，其主触点闭合，电动机定子绕组的三个出线端 U_1、V_1、W_1 与电源相接，定子绕组接成三角形，低速运转。当 SA 扳到"高速"挡位时，时间继电器 KT 线圈先得电动作，其瞬动常开触点闭合，KM_1 线圈得电动作，电动机定子绕组接成三角形低速启动；经过延时，KT 延时断开的常闭触点断开，接触器 KM_1 线圈断电释放，KT 延时闭合的常开触点闭合，接触器 KM_2 线圈得电动作。紧接着，接触器 KM_3 线圈也得电动作，则电动机定子绕组由 KM_2、KM_3 的主触点换接成 YY 形，以高速运行。

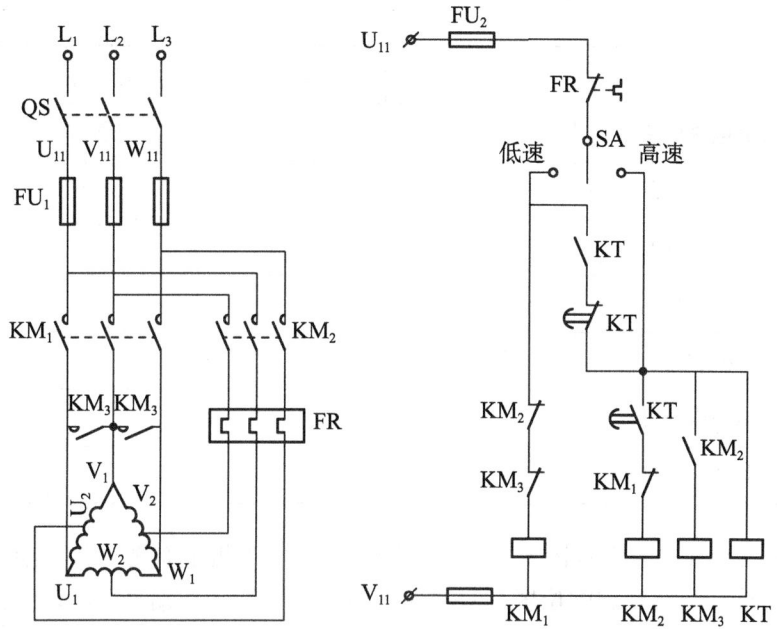

图 1-3-2 时间继电器控制双速电动机自动变速控制线路

三、技能实训

(一) 提出任务

依据图 1-3-2 所示电路图,按照电气安装规范原则、接线工艺及以下要求,在电力拖动实训设备上完成时间继电器控制双速电动机自动变速控制线路的安装、接线和调试。

(1) 根据电路图正确安装接线。

(2) 时间继电器整定为 5 秒。切换 SA 开关,使双速电动机能正常在"停止""低速""高速"三种状态运行。

(3) 接线牢固,布线合理,导线走线槽安装。

(4) 热继电器和三相电动机连接部分要求有线号管或线叉工艺。

(二) 实训过程

1. 实训步骤

(1) 对照图 1-3-2 选择所需电器元件,并检查其质量,列出元件明细表,将数据记入表 1-3-2。

表 1-3-2 器件的选择与检测

代号	名称	型号	规格	数量	检测结果
QS	电源开关				
FU_1	主电路熔断器				

续表

代号	名称	型号	规格	数量	检测结果
FU_2	控制电路熔断器				
KM	交流接触器				
KT	时间继电器				
FR	热继电器				
SA	转换开关				
M	双速电动机				
XT	接线端子排				

（2）先画出元件安装布置图及实际接线图，并在实训板上布置元件。绘制接线图时，将电气元件的符号画在规定的位置，对照原理图标出各端子的编号。电动机在安装板外，通过接线端子排与安装底板上的电器连接。

（3）按照布置图规定的位置定位固定好各电气元件。主电路熔断器 FU_1 中间一相熔断器和交流接触器 KM 中间一极触点的接线端子成一条直线，以保证主电路走线美观规整，按电路图的编号在各元件和连接线两端做好编号标志。按图接线，接线时注意分清时间继电器的瞬动触点和延时触点，不能接错。

（4）按工艺要求全部接好后，用万用表进行静态检测，测量部分线点之间的电阻，检测是否满足逻辑阻值，以此判断是否存在虚接、漏接、错接等问题。静态测量无误（主要指无短路现象）后通电调试。

2. 注意事项

（1）接线时，注意主电路中接触器 KM_1、KM_2 在两种转速下电源相序的改变，不能接错，否则，两种转速下电动机的转向相反。

（2）接触器 KM_1 和 KM_2 主触头不能对换接线，否则无法实现双速控制要求，而且会在高速运行时造成电源短路事故。

（3）通电试车时，须指导教师在场监护，做到安全文明操作。

【任务评价】

任务的评分标准参照表1-3-3。

表1-3-3 评分标准

序号	项目	配分	评分标准	扣分	得分
1	装前检查	10分	（1）电气元件漏检或错检，每个扣2分； （2）电动机质量漏检或错检，每处扣2分		

续表

序号	项目	配分	评分标准	扣分	得分
2	线路安装	40分	（1）导线不入线槽，或入槽线分布杂乱，每处扣1分； （2）引线排列混乱，不合理，每处扣0.5分； （3）损伤导线绝缘或线芯，每根扣1分； （4）损坏元件，每个扣3分； （5）有露铜、线槽外面导线混乱、压绝缘层等不符合安装规范处，每处扣1分； （6）外接引出线不经接线端子排接线，每根导线扣1分		
3	通电测试	40分	（1）热继电器未整定或时间继电器整定错误，扣2分； （2）开机烧电源或其他线路，本项记0分； （3）电机不能自动变速运行，扣5分； （4）通电测试过程中元件出现烧毁、损坏，扣5分； （5）一次试车不成功扣5分，二次试车不成功扣10分，三次试车不成功本项记0分		
4	安全文明生产	10分	（1）违反安全操作规程，扣3分； （2）操作现场工具、器具、仪表、材料摆放不整齐，扣2分； （3）劳动保护用品佩戴不符合要求，扣2分		
5	超时扣分		若未在规定时间（1.5小时）内完成，经教师同意，可适当延时，每超时5分钟，扣2分，以此类推		

说明：以上各项扣分最多不超过该项所配分值			成绩	
开始时间		结束时间		实际时间	

【课后习题】

一、填空题

1. 改变异步电动机的（　　　　）调速称为变极调速。
2. 变极调速是（　　　　）级调速，只适用于（　　　）异步电动机。
3. 凡（　　　　）可改变的电动机称为多速电动机。
4. 双速异步电动机的定子绕组共有（　　　　）个出线端，可作（　　　　）和（　　　　）两种连接方式。
5. 双速异步电动机的定子绕组接成△形时，磁极为（　　　　）极、同步转速为（　　　）r/min。

二、判断题

1. 双速三相异步电动机的定子绕组在△接法时，为高速。（　　　）
2. 双速三相异步电动机就是变极调速的一种形式。（　　　）

三、综合题

1. 简述变极调速原理。
2. 简述双速三相异步电动机自动变速控制线路的工作原理。

模块一　继电控制电路装调技能

任务四　三相异步电动机四点限位控制线路的安装与调试

【任务目标】

1. 知识目标

（1）了解位置控制线路的原理。

（2）认识行程开关，理解其结构和工作原理。

（3）掌握三相异步电动机四点限位控制线路的结构和工作原理。

2. 能力目标

（1）能正确使用行程开关。

（2）能正确安装并调试三相异步电动机四点限位控制线路。

（3）培养学生的自主学习能力。

3. 思政素养目标

（1）培养学生安全文明生产的职业素养。

（2）弘扬爱岗敬业、精益求精的工匠精神。

【任务描述】

按照电气安装规范，依据电气原理图试完成三相异步电动机四点限位控制线路的安装、接线和调试。

【任务实施】

一、任务准备

任务准备清单参照表1-4-1。

表1-4-1　工具、仪表及器材

序号	名称	规格	数量	备注
1	电力拖动实训设备	自定	1台	包含任务中必需的电器
2	常用电工工具	自定	若干	螺丝刀、尖嘴钳、剥线钳、电笔等
3	常用电工仪表	自定	若干	万用表、兆欧表等
4	导线	自定	若干	

二、相关知识

（一）行程开关

行程开关是一种利用生产机械某些运动部件的碰撞来发出控制指令的主令电器，主要用于控制生产机械的运动方向、速度、行程大小或位置，是一种自动控制电器，其结构符号外观如图1-4-1所示。

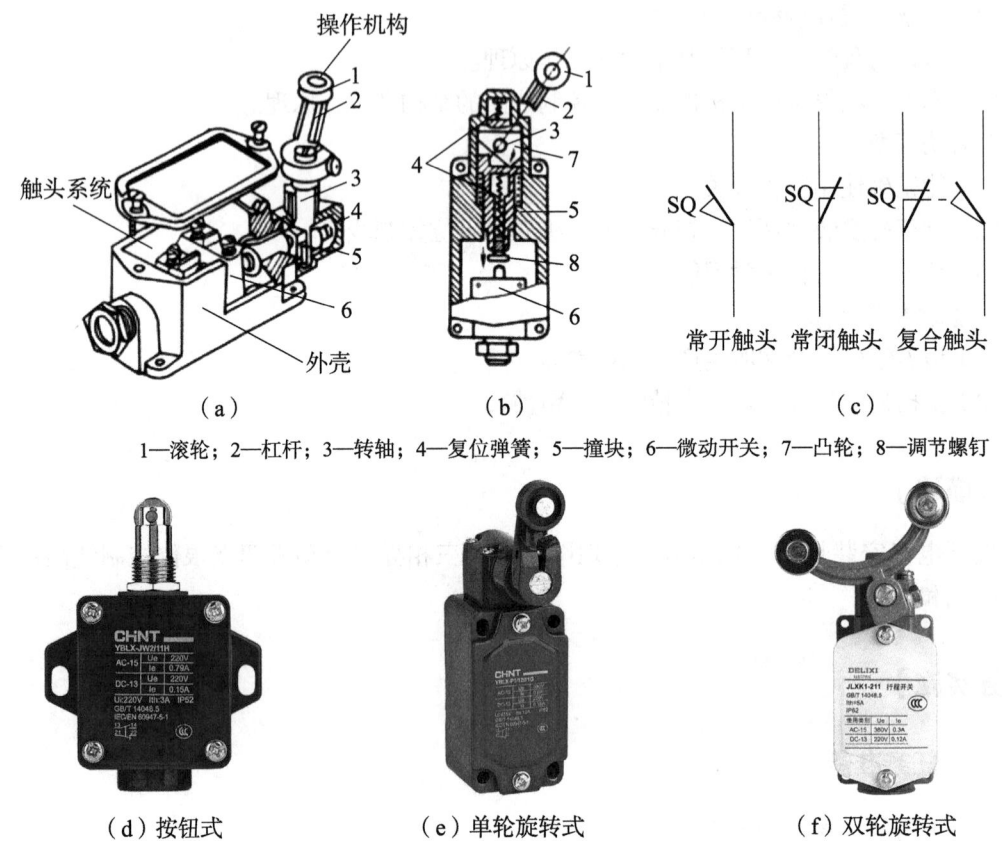

1—滚轮；2—杠杆；3—转轴；4—复位弹簧；5—撞块；6—微动开关；7—凸轮；8—调节螺钉

图1-4-1 常用行程开关的结构、符号及外观

行程开关安装时，其位置要准确，安装要牢固；滚轮的方向不能装反，挡铁与其碰撞的位置应符合控制线路的要求，并确保能可靠地与挡铁碰撞。行程开关在使用中要定期检查和保养，及时除去油垢及粉尘，清理触头，经常检查其动作是否灵活、可靠，及时排除故障，防止因行程开关触头接触不良或接线松脱而产生误动作，导致设备和人身安全事故。

（二）位置控制的原理

利用生产机械运动部件上的挡铁与行程开关碰撞，使其触头动作来接通或断开电路，以实现对生产机械运动部件的位置或行程的自动控制的方法称为位置控制，又称行程控制或限位控制。实现这种控制要求所依靠的电器主要是行程开关。

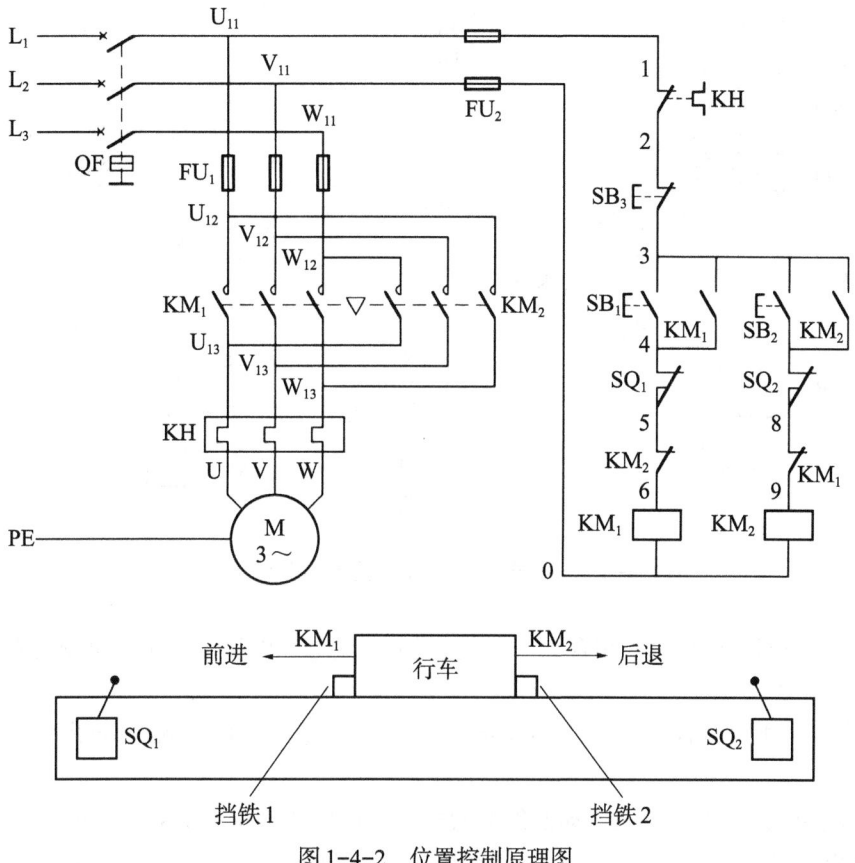

图 1-4-2 位置控制原理图

如图1-4-2所示,按下SB_1时,电机正转,行车前进,当挡铁1撞击到行程开关SQ_1时,行程开关SQ_1的常闭触点分断,切断控制电路,电机自动停止。按下SB_2时,电机反转,行车后退,当挡铁2撞击到行程开关SQ_2时,行程开关SQ_2的常闭触点分断,切断控制电路,电机自动停止。

(三)三相异步电动机四点限位控制线路

线路的工作原理如图1-4-3所示,先合上电源开关QS。

(1)自动往返运动:按下SB_1→KM_1线圈得电→(KM_1自锁触头闭合自锁/KM_1主触头闭合/KM_1联锁触头分断)→电动机M启动正转运转→至限定位置撞击SQ_1→SQ_{1-1}先分断(SQ_{1-2}后闭合)→KM_1线圈失电→(KM_1自锁触头分断解除自锁/KM_1主触头分断M失电/KM_1联锁触头闭合);SQ_{1-2}后闭合+KM_1联锁触头闭合→KM_2线圈得电→(KM_2自锁触头闭合自锁/KM_2主触头闭合/KM_2联锁触头分断)→电动机M启动反转运转→至限定位置撞击SQ_2→SQ_{2-1}先分断(SQ_{2-2}后闭合)→KM_2线圈失电→(KM_2自锁触头分断解除自锁/KM_2主触头分断M失电/KM_2联锁触头闭合);SQ_{2-2}后闭合+KM_2联锁触头闭合→KM_1线圈得电→(KM_1自锁触头闭合自锁/KM_1主触头闭合/KM_1联锁触头分断)→电动机M启动正转运转→至限定位置撞击SQ_1→SQ_{1-1}先分断(SQ_{1-2}后闭合)→KM_1线圈失电→(KM_1自锁触头分断解除自锁/KM_1主触头分断M失电/KM_1联锁触头闭合)→至限定位置撞击

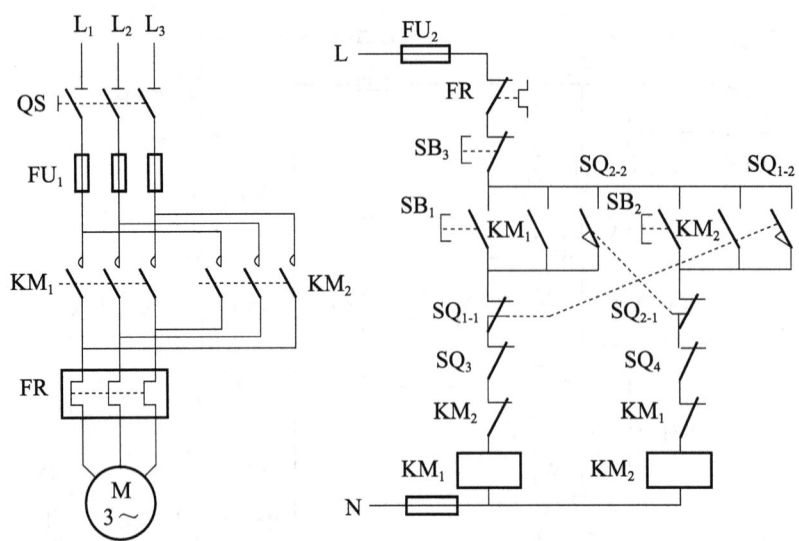

图1-4-3 三相异步电动机四点限位控制线路图

$SQ_1 \rightarrow SQ_{1-1}$ 先分断（SQ_{1-2}后闭合），以后重复上述过程，电机带动生产机械在限定的行程内自动往返运动。

（2）停止：按下SB_3，整个控制线路失电，KM_1或KM_2的主触头分断，电机M失电停转。

（3）保护限位：生产机械运动部件上的挡铁与行程开关SQ_3或SQ_4碰撞，SQ_3或SQ_4常闭触点分断，切断控制电路，电机M自动停止，起保护作用。

三、技能实训

（一）提出任务

依据图1-4-3所示电路图，按照以下控制要求和工艺要求，在电力拖动实训设备上完成三相异步电动机四点限位控制线路的安装、接线和调试。

（1）根据电路图正确安装接线。

（2）按下正转按钮，电动机启动正转，正转运行至碰撞到行程开关SQ_1时，电动机停止，并自动反转运行，反转运行至碰撞到行程开关SQ_2时，电动机停止，并自动正转运行，如此往复运行。

（3）按下反转按钮，电动机启动反转，反转运行至碰撞到行程开关SQ_2，电动机停止，并自动正转运行，正转运行至碰撞到行程开关SQ_1，电动机停止，并自动反转运行，如此往复运行。

（4）按下停止按钮，电动机立即停止。

（5）碰撞到后限位行程开关SQ_3，电动机立即停止正转运行；碰撞到后限位行程开关SQ_4，电动机立即停止反转运行。

（6）接线牢固，布线合理，导线走线槽安装。

(二)实训过程

1. 实训步骤

(1)对照图1-4-3选择所需电器元件,并检查其质量,列出元件明细表,将数据记入表1-4-2。

表1-4-2 器件的选择与检测

代号	名称	型号	规格	数量	检测结果
QS	电源开关				
FU_1	主电路熔断器				
FU_2	控制电路熔断器				
KM	交流接触器				
SQ	行程开关				
FR	热继电器				
SB	按钮				
M	三相异步电动机				
XT	接线端子排				

(2)在板件上按平面布置图安装走线槽和所有电器元件,安装走线槽和线槽外接线时,应做到横平竖直、排列整齐、安装牢固。

(3)连接电动机、电源等接线。

(4)自检校验合格后通电调试。

2. 注意事项

(1)行程开关安装时,其位置要准确,安装要牢固。

(2)通电检验时,先手动操作行程开关,检验其是否正常可靠。

(3)通电试车时,必须有指导教师在场,同时做到安全操作和文明生产。

【任务评价】

任务的评分标准参照表1-4-3。

表 1-4-3 评分标准

序号	项目	配分	评分标准	扣分	得分
1	装前检查	10分	（1）电动机质量检查，每处扣5分； （2）电器元件漏检或错检，每处扣1分		
2	线路安装	40分	（1）导线不入线槽，或入槽线分布杂乱，每处扣1分； （2）引线排列混乱，不合理，每处扣0.5分； （3）损伤导线绝缘或线芯，每根扣1分； （4）损坏元件，每个扣3分； （5）有露铜、线槽外面导线混乱、压绝缘层等不符合安装规范处，每处扣1分； （6）外接引出线不经接线端子排接线，每根导线扣1分		
3	通电测试	40分	（1）按下正转按钮，电机不能正转，扣5分；电机正转运行后碰撞到行程开关不能停止自动反转运行，扣10分； （2）按下反转按钮，电机不能反转，扣5分；电机反转运行后碰撞到行程开关不能停止自动正转运行，扣10分； （3）按下停止按钮，电机不能正常停止，扣2分； （4）电机正转或反转时不能进行后限位保护的，扣3分； （5）通电测试过程中元件出现烧毁、损坏，扣5分		
4	安全文明生产	10分	（1）违反安全操作规程，扣3分； （2）操作现场工具、器具、仪表、材料摆放不整齐，扣2分； （3）劳动保护用品佩戴不符合要求，扣2分		
5	超时扣分		若未在规定时间（1.5小时）内完成，经教师同意，可适当延时，每超时5分钟，扣2分，以此类推		
说明：以上各项扣分最多不超过该项所配分值				成绩	
开始时间			结束时间	实际时间	

【课后习题】

一、填空题

1. 在生产过程中，若要限制生产机械运动部件的行程、位置或使其运动部件在一定范围内自动往返循环时，应在需要的位置安装（　　　　）。
2. 位置控制，又称（　　　　）或（　　　　）。
3. 行程开关是一种利用生产机械某些运动部件的碰撞来发出控制指令的（　　　　）。
4. 三相异步电动机的位置控制电路是由（　　　　）或相应的传感器来自动控制运行的。
5. 行程开关主要用于控制生产机械的（　　　　）、速度、行程大小或位置，是一种（　　　　）电器。

二、判断题
1. 行程开关安装时，其位置要准确，安装要牢固，滚轮的方向不能装反。（   ）
2. 行程开关与按钮基本相似，也是用手指来发出控制指令的主令电器。（   ）
三、综合题
1. 简述位置控制原理。
2. 什么是行程开关？画出行程开关的各种符号并说明其含义。

模块二　机床电气控制电路调修技能

任务一　C6140型卧式车床电气控制线路故障检查、分析及排除

【任务目标】

1. 知识目标

（1）了解C6140型卧式车床的功能、结构及运动形式。
（2）正确识读C6140型卧式车床电气控制线路，并掌握其工作原理。
（3）了解生产机械电气设备维修的一般要求，掌握生产机械电气设备维修的一般方法。

2. 能力目标

（1）学会检查、分析及排除C6140型卧式车床的常见电气故障。
（2）培养学生分析问题、解决问题的能力。

3. 思政素养目标

（1）培养学生安全文明、沟通合作的职业素养。
（2）弘扬细心谨慎的科学态度、精益求精的工匠精神。

【任务描述】

根据现场故障现象，对照C6140型卧式车床电气控制原理图（见图2-1-2），用常用电工工具及仪表对C6140型卧式车床控制线路实训设备的故障进行检查、分析及排除。

【任务实施】

一、任务准备

任务准备清单参照表2-1-1。

表2-1-1　工具、仪表及器材

序号	名称	规格	数量	备注
1	C6140型卧式车床控制线路实训设备	自定	1台	线路上至少有8个故障设置开关
2	常用电工工具仪表	自定	若干	螺丝刀、电笔、万用表等
3	C6140型卧式车床电气控制原理图图纸	自定	1	

二、相关知识

（一）认识C6140型卧式车床

车床是一种用途广泛的金属切削机床，主要用于车削内圆、外圆、端面、螺纹、螺杆及成形表面，并可以在尾座上安装钻头或铰刀进行钻孔或铰孔等加工工作。如图2-1-1所示的C6140型卧式车床中：C是类代号，代表车床类；6是组代号，表示落地及卧式车床组；1是系代号，表示卧式车床系；40表示工件最大回转半径为400 mm。

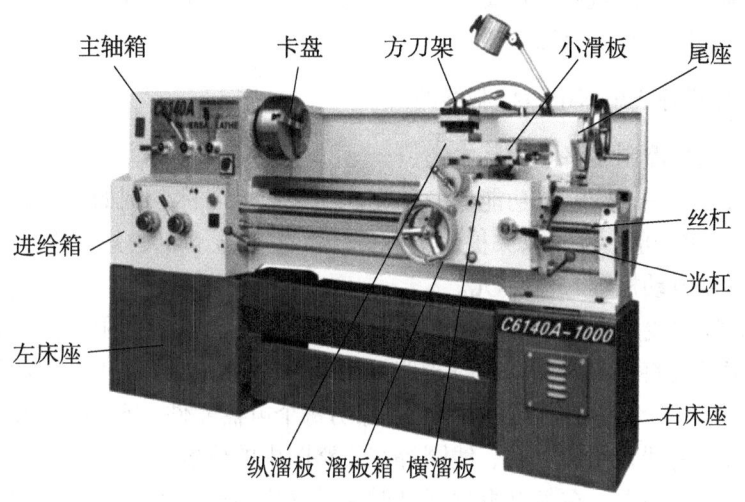

图 2-1-1　C6140型卧式车床外观及结构

C6140型卧式车床主要由床身、主轴箱、进给箱、溜板箱、方刀架、卡盘、尾座、丝杠和光杠等组成。各结构的组成及功能如下：

①主轴箱：由多个直径不同的齿轮组成，实现主轴的变速和换向。
②进给箱：由多个直径不同的齿轮组成，控制刀具的纵向和横向进给并实现进给变速。
③溜板箱：实现床鞍和中滑板手动或自动进给，并可控制进给量。
④卡盘：夹持工件并带动工件旋转。
⑤挂轮架：将主轴电动机的动力传递给进给箱。
⑥方刀架：安装刀具。
⑦纵溜板/横溜板：带动刀架纵向/横向进给。
⑧小滑板：通过摇动手轮使刀纵向进给。
⑨尾座：安装顶尖、钻头和铰刀等。
⑩光杠：带动溜板箱运动，实现内外圆、端面等切削加工。

（二）C6140型卧式车床的主要运动形式及控制要求

C6140型卧式车床的主要运动种类有主运动、进给运动、辅助运动。

（1）主运动是指主轴通过卡盘、顶尖带动工件做旋转运动。主运动控制要求：①主轴电动机选用三相笼型异步电动机，不进行电气调速，主轴采用齿轮箱进行机械有级调速。

②车削螺纹时要求主轴有正反转,一般由机械方法实现,主轴电动机只做单向旋转。③主轴电动机的容量不大,可采用直接启动。

(2)进给运动是指刀架带动刀具纵向或横向做直线运动。进给运动也由主轴电动机拖动,主轴电动机的动力通过挂轮架传递给进给箱来实现刀具的纵向和横向进给。加工螺纹时,要求刀具的移动和主轴转动有固定的比例关系。

(3)辅助运动包括刀架的快速移动(由刀架快速移动电动机拖动,该电动机可直接启动,也不需要正反转和调速)、尾座的纵向移动(由手动操作控制)、工件的夹紧与放松(由手动操作控制)、加工过程的冷却(冷却泵电动机和主轴电动机要实现顺序控制,冷却泵电动机不需要正反转和调速)。

(三)C6140型卧式车床电气控制线路

1. 识读车床电气控制线路图的基本知识

(1)在线路图上一般按电路功能划分并标注功能区域名称。例如,图2-1-2所示车床电气控制线路按功能可分为电源保护、电源开关、主轴电动机、短路保护、冷却泵电动机、刀架快速移动电动机等13个单元。

(2)在电气控制线路图下部划分若干个图区,并从左向右依次用阿拉伯数字编号标注在图区栏内。通常是将一条回路或一条支路划为一个图区,如图2-1-2所示的电气控制线路共划分为12个图区,这样可以在线路图中标明每个电器元件(或部件)在图中所处的区域,以便迅速查找电器元件的触头、线圈等在线路图中的位置。

(3)电气控制线路中,在每个电器元件触头的文字符号下面用数字表示该电器元件线圈所处的图区号。如图2-1-2所示电气控制线路中,在图区4中的KA_2下面的"9",表示中间继电器KA_2的线圈在图区9,这样看到触头就能迅速找到对应的线圈。

(4)电气控制线路中,在每个接触器线圈下方画出两条竖直线,分成左、中、右三栏,每个继电器线圈下方画出一条竖直线,分成左、右两栏。把受其线圈控制而动作的触头所处的图区号填入相应的栏内,对备而未用的触头,在相应的栏内用记号"×"标出或不标出任何符号。例如,在图区7的接触器线圈KM下方左栏的数字表示3对主触头均在图区2;中栏的数字表示1对辅助常开触头在图区8,另1对辅助常开触头在图区10;右栏的"×"表示2对辅助常闭触头未用。在图区10的继电器线圈KA_1下方左栏的数字表示3对常开触头均在图区3;右栏的空白表示常闭触头未用。

2. C6140型卧式车床电气控制线路工作原理

(1)C6140型卧式车床主电路如图2-1-2的图区1~4所示,共有三台电动机,分别是M1主轴电动机,带动主轴旋转和刀架的进给运动;M2冷却泵电动机,用以输送冷却液;M3为刀架快速移动电动机,用于拖动刀架快速移动。

(2)C6140型卧式车床控制电路如图2-1-2的图区5~10所示,通过控制变压器TC输出110 V交流电压供电,由熔断器FU_2作短路保护。在正常工作时,行程开关SQ_1的常开触头闭合。当打开车床传动带罩后,SQ_1的常开触头断开,切断控制电路电源,三台电动机都不工作,以确保人身安全。钥匙开关SB和行程开关SQ_2的常闭触头(2~3)(表示线路图中等电位点2和3之间的触头)在车床正常工作时是断开的,QF的线圈不得电,断

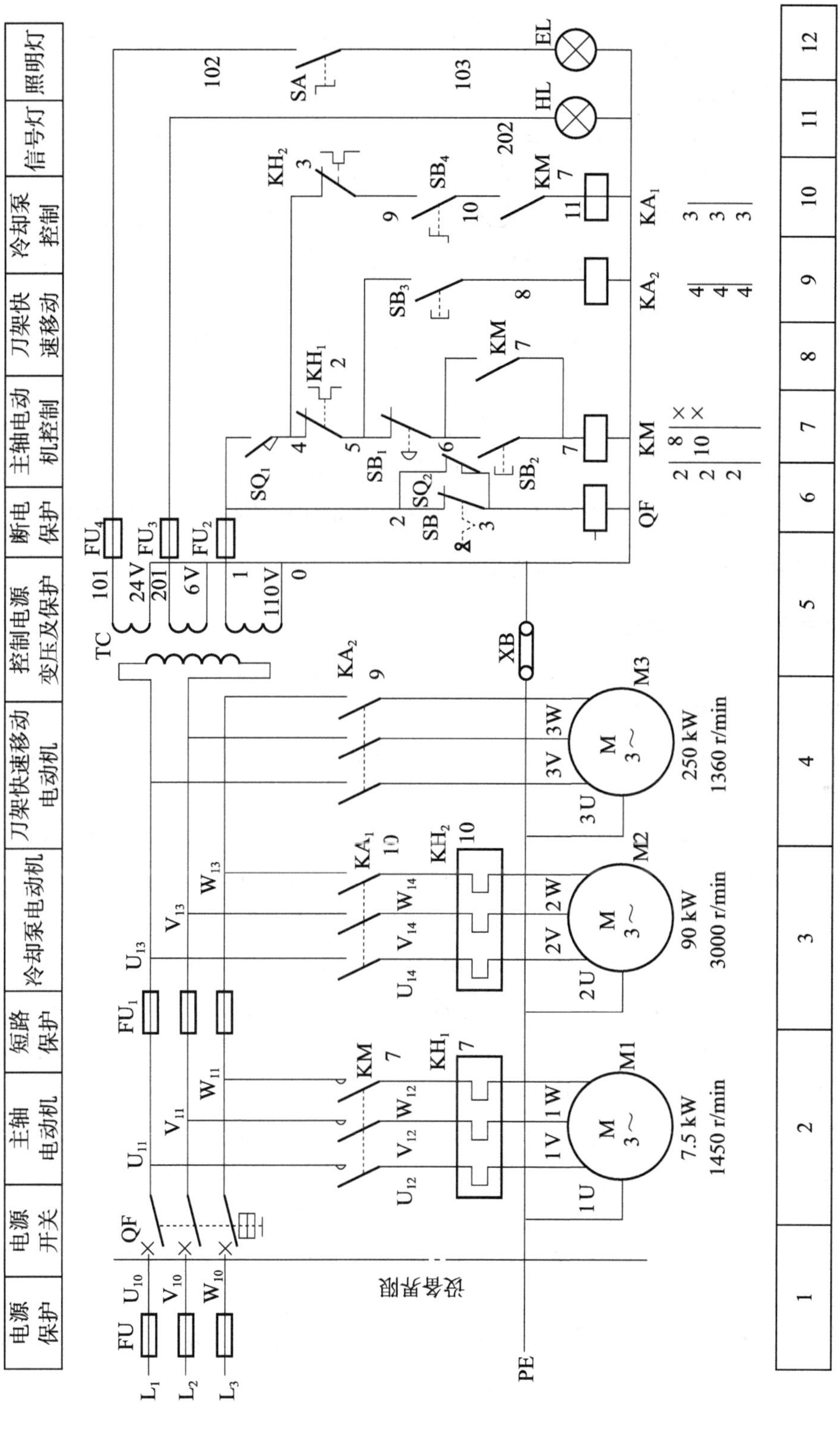

图 2-1-2 C6140 型卧式车床电气控制线路

路器 QF 能合闸。当打开配电盘壁龛门时，SQ_2 闭合，QF 线圈得电，断路器 QF 自动跳闸，切断车床的电源。

①主轴电动机 M1 的启动和停止是通过启动按钮 SB_2 和急停按钮 SB_1 控制接触器 KM 线圈的通电和断电来实现的。

②冷却泵电动机 M2 的控制：当主轴电动机 M1 启动，KM 的常开辅助触头（10～11）闭合后，合上旋钮开关 SB_4，中间继电器 KA_1 吸合，KA_1 的常开触头闭合，冷却泵电动机 M2 启动运转。当 M1 停止运行或断开旋钮开关 SB_4 时，M2 停止运转。即主轴电动机 M1 和冷却泵电动机 M2 是顺序控制的，只有主轴电动机 M1 启动后冷却泵电动机 M2 才能启动运行，提供切削液。

③刀架快速移动电动机 M3 的启动是由安装在进给操作手柄顶端的按钮 SB_3 点动控制的。

（3）C6140 型卧式车床信号与照明电路如图 2-1-2 的图区 11～12 所示，车床电源开关 QF 闭合以后，电源指示灯 HL 就一直保持亮的状态，照明灯 EL 由开关 SA 控制。控制变压器 TC 的二次侧输出的 24 V 和 6 V 电压，分别作为车床低压照明和信号灯的电源。

（四）生产机械电气设备的故障检修步骤及方法

1. 电气故障检修的一般步骤

检修前的故障调查→确定故障范围→查找故障点→排查故障→通电试车。

2. 常用的电气故障检修方法

电气故障检修方法有直观法、通电试验法、电压测量法、电阻测量法、短接法、试灯法和波形测试法等。

短接法是用一根绝缘良好的导线，把所怀疑的断路部位短接，如短接过程中电路被接通，就说明该处断路。这种方法是检查线路断路故障的一种简便可靠的方法。

①局部短接法检查故障如图 2-1-3 所示。按下启动按钮 SB_2，若 KM_1 不吸合，说明电路有故障。检查前，先用万用表测量 1～0 两点之间的电压，若电压正常，可按下 SB_2 不放，然后用一根绝缘良好的导线分别短接标号相邻的两点 1～2、2～3、3～4、4～5、5～6（注意绝对不能短接 6～0 两点，否则会造成电源短路），当短接到某两点时，接触器 KM_1 动作，则说明故障点在该两点之间。

②长短接法是一次短接两个或两个以上触头来检查故障的方法。在图 2-1-4 所示电路中，当 KH 的常闭触头和 SB_1 的常闭触头同时接触不良时，若用局部短接法短接 1～2 两点，按下 SB_2，KM_1 仍不能吸合，则可能造成误判断；而用长短接法将 1～6 两点短接，如果 KM_1 吸合，则说明 1～6 这段电路上有断路故障，然后再用局部短接法逐段找出故障点。长短接法的另一个作用是可把故障范围缩小到一个较小的范围。例如，第一次先短接 3～6 两点，如果 KM_1 不吸合，再短接 1～3 两点，KM_1 吸合，则说明故障在 1～3 两点之间。可见，如果长短接法和局部短接法结合使用，很快就能找出故障点。

模块二 机床电气控制电路调修技能

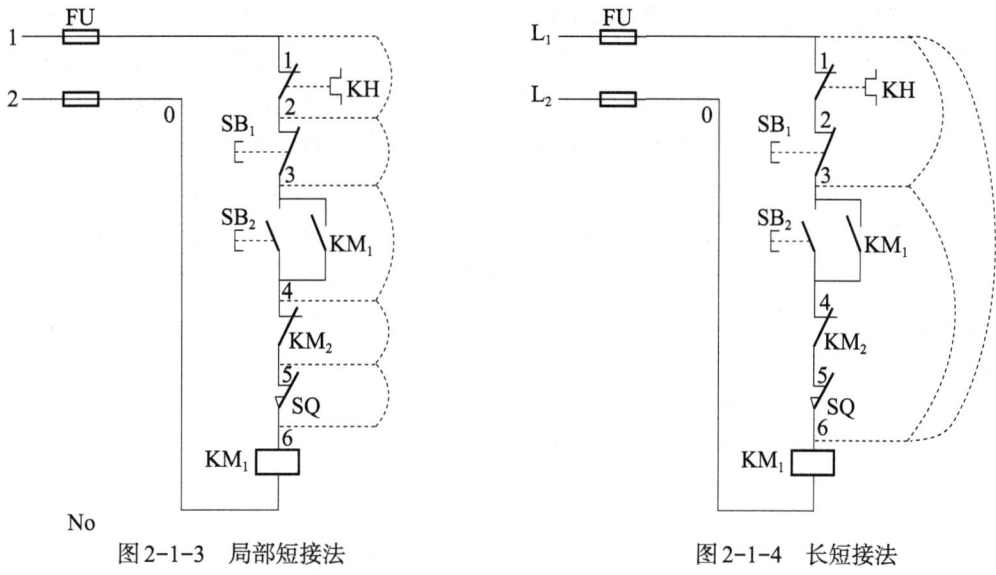

图 2-1-3　局部短接法　　　　　　　图 2-1-4　长短接法

(五)C6140型卧式车床常见电气故障分析

1. 电动机缺相运行的典型故障

故障现象：按下启动按钮 SB_2，接触器 KM 动作，但主轴电动机 M1 不启动或启动后转速很慢并发出"嗡嗡"声。

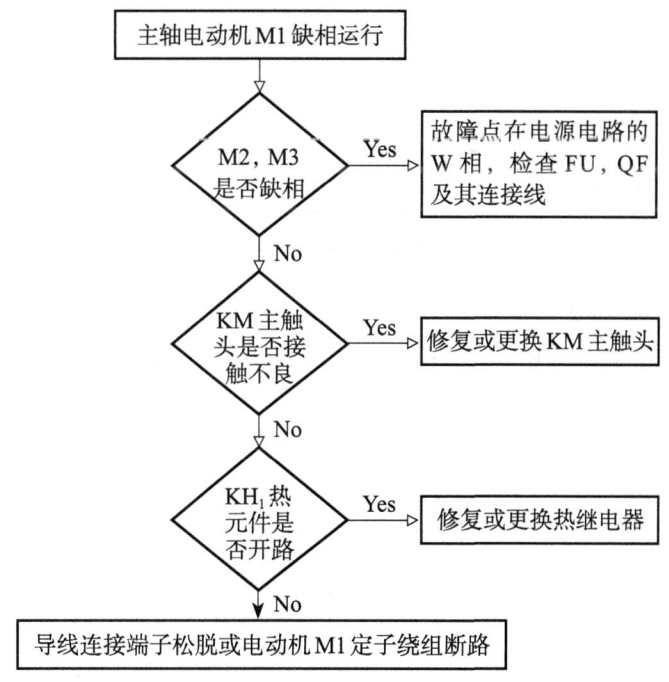

图 2-1-5　电动机缺相检修流程图

主轴电动机 M1 缺相运行故障的检修步骤如下：

· 35 ·

（1）观察故障现象。合上电源开关 QF，按下启动按钮 SB_2，KM 得电吸合，主轴电动机 M1 转速很慢甚至不转，并发出"嗡嗡"声。这时要立即按下急停按钮 SB_1，使 KM 断电释放，切断 M1 电源，防止电动机烧毁。再按下 SB_3，发现电动机 M3 也缺相。

（2）确定故障范围。由于两台电动机 M1、M3 都缺相运行，说明故障在电源电路中，又因为接触器 KM 能正常动作，说明变压器 TC 能正常输出 110 V 电压，所以 L_1、L_2 两相电源电路正常，故障点应位于 L_3 相电源电路中，即故障在 L_3-FU-W_{10}-QF-W_{11} 范围内。

（3）查找故障点并排除故障。该故障的范围较小，可用验电笔从 L_3 相的电源进线端依次测量熔断器 FU、断路器 QF 的接线端子是否有电，从而找到故障点。L_3 相缺相的检修流程如图 2-1-6 所示。

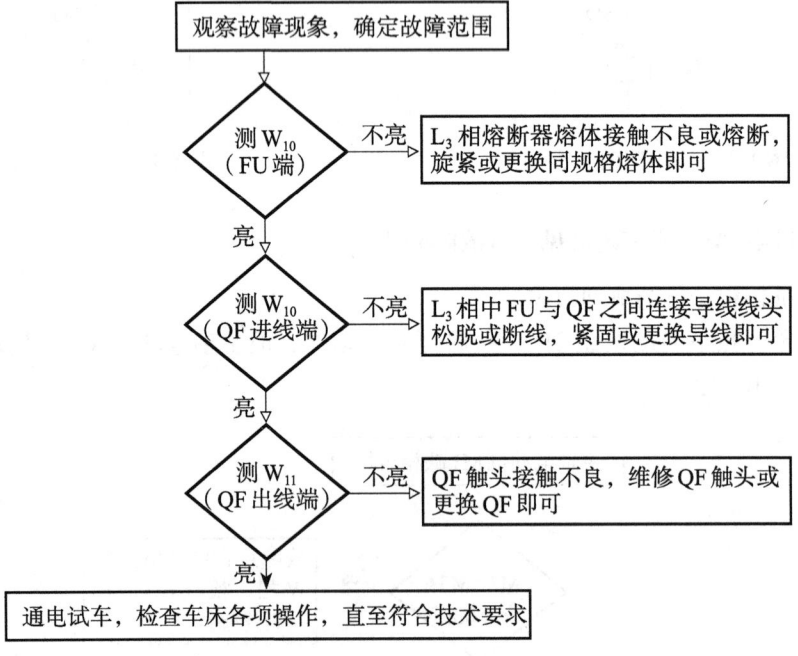

图 2-1-6　L_3 相缺相的检修流程

2. 主轴电动机 M1 不能启动故障

故障现象：按下启动按钮 SB_2，接触器 KM 不吸合，主轴电动机 M1 不启动。检修流程如图 2-1-7 所示。

检修方法：如图 2-1-8 所示。按下 SB_2 不放，若测得 5～6 的电压为 110 V，6～7 的电压为 0 V，7～0 的电压为 0 V，则故障为 SB_1 接触不良或接线脱落，排除方法是更换 SB_1 或将脱落的导线接好。若测得 5～6 的电压为 0 V，6～7 的电压为 110 V，7～0 的电压为 0 V，则故障为 SB_2 接触不良或接线脱落，排除方法是更换 SB_2 或将脱落的导线接好。若测得 5～6 的电压为 0 V，6～7 的电压为 0 V，7～0 的电压为 110 V，则故障为 KM 线圈开路或接线脱落，排除方法是更换 KM 或将脱落的导线接好。

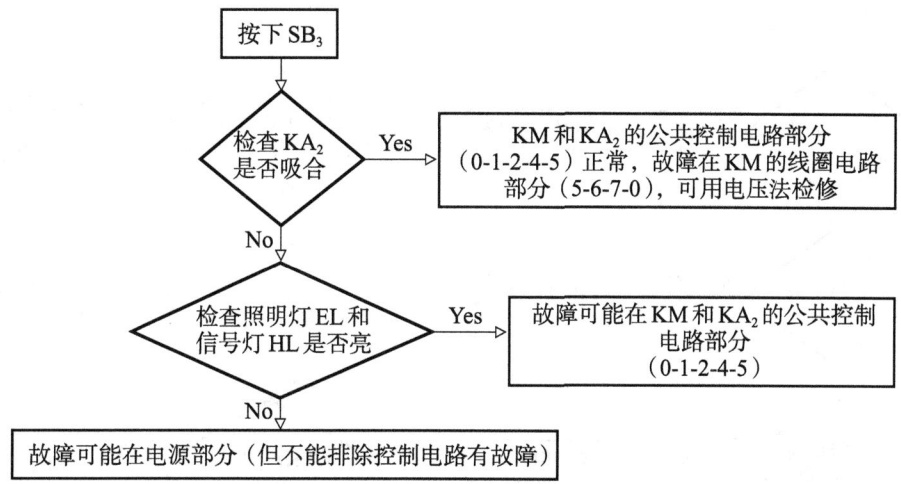

图 2-1-7　M1 不能启动检修流程图

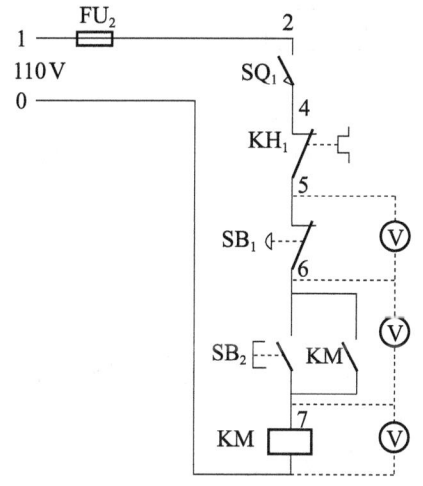

图 2-1-8　电压法检测

3. 冷却泵电动机 M2 不能启动运行故障

（1）观察故障现象：合上电源开关 QF，按下 SB_2，主轴电动机 M1 启动运转后，再按下 SB_4，发现中间继电器 KA_1 不吸合，冷却泵电动机不启动。

（2）确定故障范围：根据该故障现象分析故障范围在如图 2-1-2 所示的图区 10。

（3）查找故障点：断开电源开关 QF，拆下中间继电器 KA_1 线圈 0 线点接头并做好绝缘处理，用验电笔查找故障，检修流程如图 2-1-9 所示。

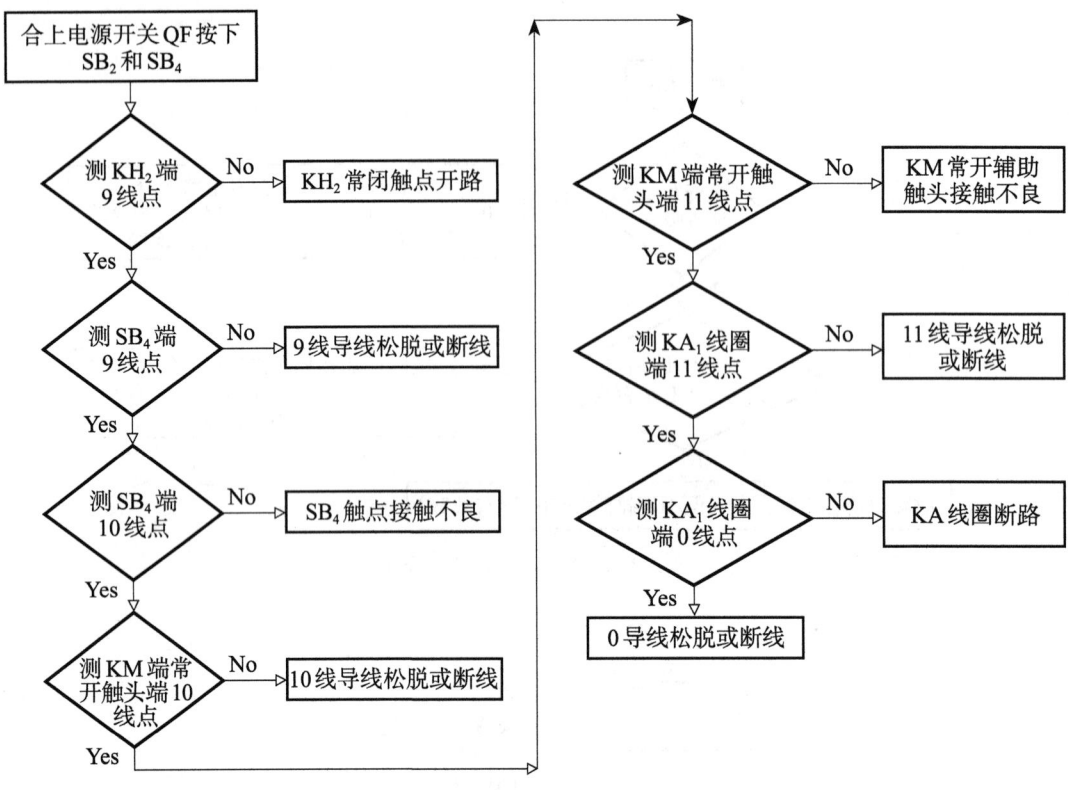

图 2-1-9 M2 不能启动故障检修流程图

三、技能实训

(一) 提出任务

对照图 2-1-2 所示的电气控制原理图,对 C6140 型卧式车床控制线路实训设备进行故障的检查、分析及排除。要求如下:

(1) 对 C6140 型卧式车床实训设备进行操作,观察车床运行状况,找出故障,并口述分析故障现象。

(2) 根据排查情况,填写表 2-1-2 故障情况表,并在故障局部电路图上圈出故障点。

(二) 实训过程

1. 检修步骤

(1) 通电试验,注意观察故障现象。

(2) 根据故障现象,依据电路图用逻辑分析法初步确定故障范围,并在电路图中标出最小故障范围。

(3) 采取适当的检查方法查出故障点,并正确排除故障。

(4) 检修完毕进行通电试车,并做好维修记录。

(5) 由教师设置已知故障点,在教师指导下从故障现象着手进行分析,采用正确的检查步骤和检修方法进行检修。

2. 注意事项

（1）检修前要认真阅读并分析电路图，熟练掌握各个控制环节的原理及作用，并认真观摩教师的示范检修。

（2）工具和仪表的使用应符合使用要求。

（3）检修时，严禁扩大故障范围或产生新的故障点；不得采用更换元件、改变电路的方法修复故障。

（4）带电检修时，必须有指导教师在现场监护，以确保用电安全，同时要做好训练记录。

表2-1-2 故障情况表

故障1名称：	故障2名称：	故障3名称：
故障1局部电路图：	故障2局部电路图：	故障3局部电路图：
故障1的排除方法及步骤：	故障2的排除方法及步骤：	故障3的排除方法及步骤：

【任务评价】

"C6140型卧式车床电气控制线路故障检查、分析及排除"的任务评分标准参照表2-1-3。

表2-1-3 评分标准

序号	项目	配分	评分标准	扣分	得分
1	机床操作与检修	35分	（1）每少检测1个故障点，扣5分； （2）能检测出故障点，但完全不会对车床进行操作，扣6分； （3）能检测出故障点，并能根据要求对C6140型卧式车床进行操作，但操作不熟练扣4分； （4）断电检测方法不正确，扣3分； （5）带电检测方法不正确，扣3分； （6）仪表使用不熟练，扣2分		
2	故障现象判断分析与检修步骤	35分	（1）未能正确口头描述故障现象，扣5分； （2）对故障名称的文字表达不够准确，扣3分； （3）未能正确用文字形式描述故障检修的方法及步骤，扣5分； （4）排查分析故障的文字表达不够准确，扣2分； （5）文字描述中有错别字或语句不通顺的每处扣1分，最多扣7分； （6）完全不知道故障排除方法和检修步骤，扣10分		
3	绘制故障点局部电路图	20分	（1）绘制的故障点局部电路图错误，每错1个故障点扣3分，最多扣9分； （2）未在局部电路图中标出故障点的，每个扣1分； （3）故障点局部电路图有符号错误或文字错误的每处扣1分，最多扣6分		
4	安全文明生产	10分	（1）违反安全操作规程，扣3分； （2）操作现场工具、器具、仪表、材料摆放不整齐，扣2分； （3）劳动保护用品佩戴不符合要求，扣2分		
5	超时扣分		若未在规定时间（1小时）内完成，经教师同意，可适当延时，每超时5分钟，扣2分，以此类推		
说明：以上各项扣分最多不超过该项所配分值				成绩	
开始时间			结束时间	实际时间	

【课后习题】

一、填空题

1. 在机床电气控制线路图上，通常在电器元件触头的文字符号下面标注该电器元件线圈所处的（　　　　）。
2. C6140型卧式车床共有三台电动机，分别是（　　　　）、（　　　　）、（　　　　）。
3. C6140型卧式车床主轴箱的主要功能是实现主轴的（　　　　）和（　　　　）。
4. 电气设备的维修包括（　　　　）和（　　　　）两方面。
5. 用短接法查找线路故障时，绝对不能短接（　　　　），否则将发生（　　　　）故障。

二、判断题

1. C6140型卧式车床主轴调速不采用电气调速，而是通过齿轮箱进行机械有级调速。（　　）
2. 由于导线绝缘老化而造成的设备故障属于自然故障。（　　）
3. C6140型卧式车床主轴的正反转是由主轴电动机M1的正反转来实现的。（　　）
4. 短接法既适用于检查控制电路的故障，也适用于检查主电路的故障。（　　）
5. C6140型卧式车床主轴电动机的失压保护由热继电器KH_1完成。（　　）

任务二　Z3050型摇臂钻床电气控制线路故障检查、分析及排除

【任务目标】

1. 知识目标

（1）了解Z3050型摇臂钻床的功能、结构及运动形式。

（2）掌握Z3050型摇臂钻床电气控制线路的构成和工作原理。

2. 能力目标

（1）学会检查、分析及排除Z3050型摇臂钻床的常见电气故障。

（2）培养学生分析问题、解决问题的能力。

3. 思政素养目标

（1）培养学生安全文明、沟通合作的职业素养。

（2）弘扬细心谨慎的科学态度、精益求精的工匠精神。

【任务描述】

对照Z3050型摇臂钻床电气控制原理图（见图2-2-2），用常用电工工具及仪表对Z3050型摇臂钻床控制线路实训设备的故障进行检查、分析及排除。

【任务实施】

一、任务准备

任务准备清单参照表2-2-1。

表2-2-1　工具、仪表及器材

序号	名称	规格	数量	备注
1	Z3050型摇臂钻床控制线路实训设备	自定	1台	线路上至少有8个故障设置开关
2	常用电工工具仪表	自定	若干	螺丝刀、电笔、万用表等
3	Z3050型摇臂钻床电气控制原理图图纸	自定	1	

二、相关知识

（一）认识Z3050型摇臂钻床

机械加工过程中经常需要加工各种各样的孔，钻床是一种用途广泛的孔加工机床，主

要用于钻削精度要求不高的孔，如扩孔、铰孔、镗孔以及攻螺纹等。钻床的结构形式很多，有立式钻床、卧式钻床、台式钻床、深孔钻床等。Z3050型摇臂钻床是一种常用的立式钻床，其外形和结构如图2-2-1所示，主要由底座、立柱、摇臂、主轴箱、主轴、摇臂升降电机、工作台等组成。Z3050型号中Z表示钻床，30代表摇臂钻床，50表示最大钻孔直径50 mm。

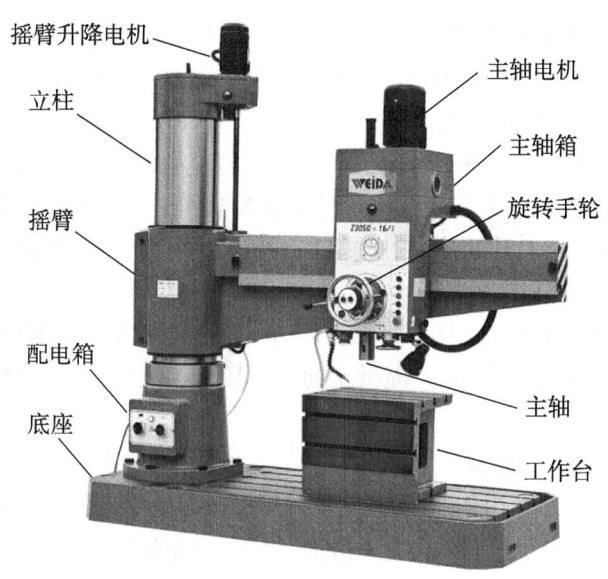

图2-2-1　Z3050型摇臂钻床的外形和结构

Z3050型摇臂钻床有三种运动形式，分别是主运动（主轴带动钻头的旋转运动），进给运动（钻头的上下运动），辅助运动（主轴箱沿摇臂水平移动、摇臂沿外立柱上下移动、摇臂的回转运动）。

(二)Z3050型摇臂钻床电气控制线路的工作原理

Z3050型摇臂钻床电气控制线路如图2-2-2所示，1～8区为主电路部分，9～20区为控制电路部分。

1. 主电路

主电路共有四台电动机，分别是冷却泵电动机M1、主轴电动机M2、摇臂升降电动机M3、液压泵电动机M4。除了冷却泵电动机采用手动开关QS_2控制外，其余电动机均采用接触器控制。

2. 控制电路

（1）M1的控制原理

冷却泵电动机M1的功率较小（125 W），由手动开关QS_2控制其单向旋转。

（2）M2的控制原理

合上电源开关QS_1，按下启动按钮SB_2（14区），接触器KM_1吸合自锁，主轴电动机M2通电启动运行，同时指示灯HL_3（13区）亮。按下停止按钮SB_1（14区），KM_1失电释放，M2停止运转，HL_3熄灭。

(3) M3、M4的控制原理

按下上升按钮SB_3→SB_3常闭触头（8~11）先断开对KM_3联锁/SB_3常开触头（5~6）闭合→时间继电器KT（15区）得电→KT常闭触头（17~18）断开对KM_5联锁/KT常开触头（14~15）闭合使KM_4得电吸合，则控制液压泵电动机M4启动正转送出正向液压油/KT常闭触头（20区5~17）闭合使电磁阀YA_1得电→通过液压机构将摇臂松开，此时SQ_2压合SQ_3释放→接触器KM_2线圈得电吸合主触头→摇臂电动机M3启动正转则摇臂上升。

当摇臂上升到所需位置后，松开SB_3→KM_2线圈失电使M3停转，则摇臂停止上升/KT线圈失电→延时1~3后KT触头（17~18）闭合→KM_5线圈得电使液压泵电动机M4启动反转送出反向液压油→液压机构将摇臂夹紧→SQ_2释放，SQ_3压合→SQ_3常闭触头（20区5~17）断开→KM_5线圈失电使液压泵电动机M4停转→摇臂夹紧完成。

摇臂下降的控制过程与上升的控制过程基本相似，由下降按钮SB_4控制摇臂下降。

(4) 立柱主轴箱的松开与夹紧控制

按下复合按钮SB_5（或SB_6），其常开触头闭合，接触器KM_4（或KM_5）线圈得电，液压泵电动机M4通电正转（或反转），提供正向（或反向）液压油，推动立柱主轴箱松开（或夹紧）。

(5) 照明和指示灯电路的控制

经变压器TC降压至24 V用作照明灯EL的电源，EL由手动开关SA控制。经变压器TC降压至6 V，用作放松指示灯HL_1、夹紧指示灯HL_2、钻头工作指示灯HL_3的电源。

(三) Z3050型摇臂钻床常见电气故障分析

1. 摇臂不能升降

原因一：行程开关SQ_2动作不正常，安装位置变化使其不能动作，或者液压系统故障导致摇臂不能正常放松，使得SQ_2不能正常工作。原因二：摇臂升降电动机M3、控制电路中接触器KM_2和KM_3的相关电路发生故障也会导致摇臂不能升降。

2. 摇臂不能夹紧

摇臂不能夹紧故障分析：通常是行程开关SQ_3的故障造成的。如果SQ_3位置移动、安装不当或触点损坏，将会造成摇臂升降到位夹不紧的情况。

3. 摇臂松紧正常，但是主轴箱和立柱的松紧不正常

检查按钮SB_5、SB_6的触点有无接触不良或线路松动。检查液压系统是否出现故障。

三、技能实训

(一) 提出任务

对照图2-2-2所示的电气控制原理图，对Z3050型摇臂钻床控制线路实训设备进行故障的检查、分析及排除，要求如下：

(1) 对Z3050型摇臂钻床实训设备进行操作，观察钻床运行状况，找出故障，并口述分析故障现象。

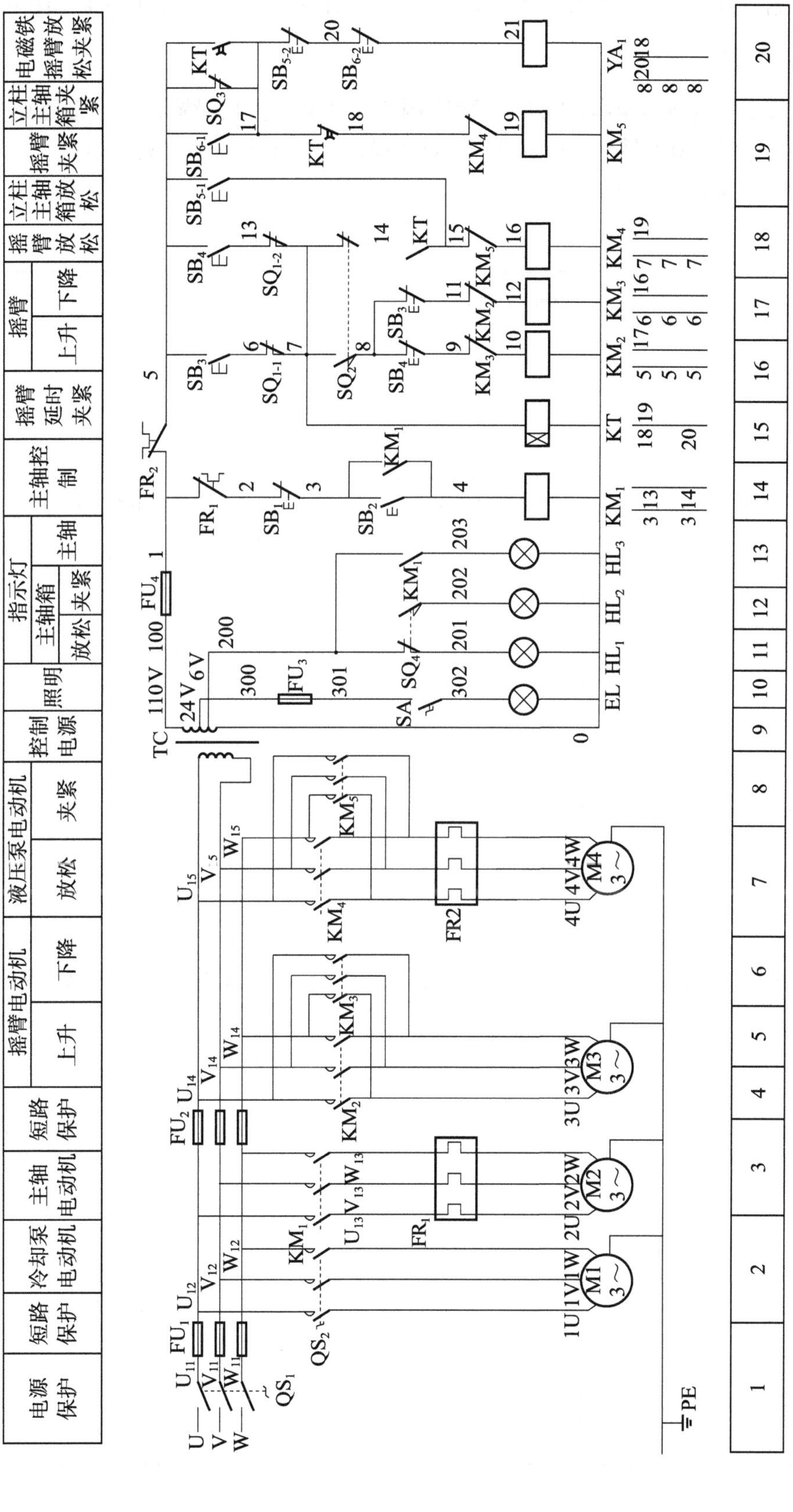

图 2-2-2 Z3050 型摇臂钻床电气控制线路

(2) 根据排查情况，填写表2-2-2故障情况表，并在故障局部电路图上圈出故障点。

(二) 实训过程

(1) 教师向学生演示操作Z3050型摇臂钻床实训设备，然后设置2～3个故障点。
(2) 学生对Z3050型摇臂钻床实训设备进行操作，自行独立查找故障点。
(3) 教师现场巡回指导总结。

表2-2-2 故障情况表

故障1名称：	故障2名称：	故障3名称：
故障1局部电路图：	故障2局部电路图：	故障3局部电路图：
故障1的排除方法及步骤：	故障2的排除方法及步骤：	故障3的排除方法及步骤：

【任务评价】

"Z3050型摇臂钻床电气控制线路故障检查、分析及排除"的任务评分标准参照表 2-2-3。

表 2-2-3 评分标准

序号	项目	配分	评分标准	扣分	得分
1	机床操作与检修	35分	（1）每少检测1个故障点，扣5分； （2）能检测出故障点，但完全不会对机床进行操作，扣6分； （3）能检测出故障点，并能根据要求对Z3050型摇臂钻床进行操作，但操作不熟练扣4分； （4）断电检测方法不正确，扣3分； （5）带电检测方法不正确，扣3分； （6）仪表使用不熟练，扣2分		
2	故障现象判断分析与检修步骤	35分	（1）未能正确口头描述故障现象，扣5分； （2）对故障名称的文字表达不够准确，扣3分； （3）未能正确用文字形式描述故障检修的方法及步骤，扣5分； （4）排查分析故障的文字表达不够准确，扣2分； （5）文字描述中有错别字或语句不通顺的每处扣1分，最多扣7分； （6）完全不知道故障排除方法和检修步骤，扣10分		
3	绘制故障点局部电路图	20分	（1）绘制的故障点局部电路图错误，每错1个故障点扣3分，最多扣9分； （2）未在局部电路图中标出故障点的，每个扣1分； （3）故障点局部电路图有符号错误或文字错误的每处扣1分，最多扣6分		
4	安全文明生产	10分	（1）违反安全操作规程，扣3分； （2）操作现场工具、器具、仪表、材料摆放不整齐，扣2分； （3）劳动保护用品佩戴不符合要求，扣2分		
5	超时扣分		若未在规定时间（1小时）内完成，经教师同意，可适当延时，每超时5分钟，扣2分，以此类推		
说明：以上各项扣分最多不超过该项所配分值				成绩	
开始时间			结束时间	实际时间	

【课后习题】

一、填空题

1. 在 Z3050 型摇臂钻床电气原理图中起摇臂升降超程限位保护作用的器件是（　　　　）。

2. Z3050 型摇臂钻床主电路中有 4 台电动机,分别是主轴电动机、冷却泵电动机、（　　　　）、液压泵电动机。

3. Z3050 型摇臂钻床控制系统中安装（　　　　）个行程开关。

4. 复合行程开关（　　　　）的常闭触头和常开触头的作用分别是控制指示立柱和主轴箱同时放松和夹紧状态。

5. 在 Z3050 型摇臂钻床主电路中手动单向运行的电动机是（　　　　）。

二、判断题

1. Z3050 型摇臂钻床中摇臂不能夹紧的原因可能是行程开关 SQ_3 安装位置不当或者液压系统故障。（　　）

2. Z3050 型摇臂钻床中液压泵电动机的正反转具有接触器互锁功能。（　　）

3. Z3050 型摇臂钻床中摇臂能正常升降,主轴箱和立柱能放松,不能夹紧的应检查修复按钮 SB_6。（　　）

4. Z3050 型摇臂钻床中立柱和主轴箱的夹紧和松开是同时进行控制的,这时电磁阀处于通电状态。（　　）

5. 若 Z3050 型摇臂钻床的内外立柱之间未装汇流排,则在使用时不允许沿一个方向连续转动摇臂,以免发生事故。（　　）

模块二　机床电气控制电路调修技能

任务三　M7130型平面磨床电气控制线路故障检查、分析及排除

【任务目标】

1. 知识目标

（1）了解M7130型平面磨床的功能、结构及运动方式。

（2）掌握M7130型平面磨床电气控制线路的工作原理。

2. 能力目标

（1）学会检查、分析及排除M7130型平面磨床的常见电气故障。

（2）培养学生分析问题、解决问题的能力。

3. 思政素养目标

（1）培养学生安全文明生产的职业素养。

（2）弘扬细心谨慎的科学态度、精益求精的工匠精神。

【任务描述】

对照M7130型平面磨床电气控制原理图（见图2-3-2），用常用电工工具及仪表对M7130型平面磨床控制线路实训设备的故障进行检查、分析及排除。

【任务实施】

一、任务准备

任务准备清单参照表2-3-1。

表2-3-1　工具、仪表及器材

序号	名称	规格	数量	备注
1	M7130型平面磨床控制线路实训设备	自定	1台	线路上至少有8个故障设置开关
2	常用电工工具仪表	自定	若干	螺丝刀、电笔、万用表等
3	M7130型平面磨床电气控制原理图图纸	自定	1	

二、相关知识

（一）认识M7130型平面磨床

磨床是用砂轮的周边或端面对工件的表面进行机械加工的一种精密机床，磨床的种类

49

有平面磨床、内圆磨床、外圆磨床、无心磨床等。M7130型平面磨床是机械加工中应用较广泛的磨床,其作用是用砂轮磨削加工各种零件的平面,适用于磨削精密零件和工具,也可作镜面磨削。M7130型平面磨床是卧轴矩形工作台式,其外形和结构如图2-3-1所示,主要由床身、工作台、电磁吸盘、砂轮箱和立柱等部分组成。磨床M7130型号意义:M表示磨床,7代表平面,1表示卧轴矩形工作台式,30表示工作台的工作面宽为300 mm。

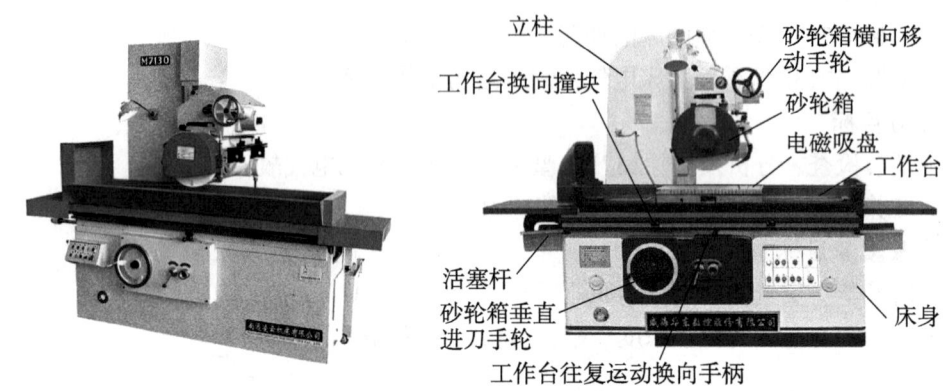

图2-3-1 M7130型平面磨床的外形和结构

M7130型平面磨床的主运动是砂轮的旋转运动,控制要求是单向高速旋转、砂轮直接装在主轴上以提高刚度、无需调速和制动。

M7130型平面磨床的进给运动包括工作台的往复运动(纵向进给)、砂轮架的前后运动(横向进给)、砂轮架的升降运动(垂直进给)。工作台纵向往复运动的控制要求是电动机带动液压泵驱动工作台纵向运动,其方向由换向挡铁碰撞液压换向开关控制。砂轮架横向前后运动的控制要求是工作台每换向一次,砂轮架就横向进给一次,修正调整位置则可连续移动,其运动可由液压传动,也可用手轮操作。砂轮架垂直升降运动的控制要求是通过操作手轮由机械传动实现砂轮架沿立柱导轨垂直上下移动。

M7130型平面磨床辅助运动包括工件的夹紧(用螺钉压板或电磁吸盘固定)、工作台的快速移动(由液压传动机构驱动实现)以及工件的冷却(冷却泵电动机)。

(二)M7130型平面磨床电气控制线路的工作原理

M7130型平面磨床电气控制线路分为主电路、控制电路、电磁吸盘电路和照明电路四部分,如图2-3-2所示。

1. 主电路

主电路中有三台电动机,M1为砂轮电动机,M2为冷却泵电动机,M3为液压泵电动机。

2. 控制电路

用电磁吸盘吸持工件加工时,当电磁吸盘得电正常工作,欠电流继电器KA线圈得电吸合,其常开触头(8区,3~4)闭合后,接通砂轮电动机M1和液压泵电动机M3的控制电路电源。按下SB_1接触器,KM_1线圈得电并自锁,KM_1主触头闭合,砂轮电动机M1得

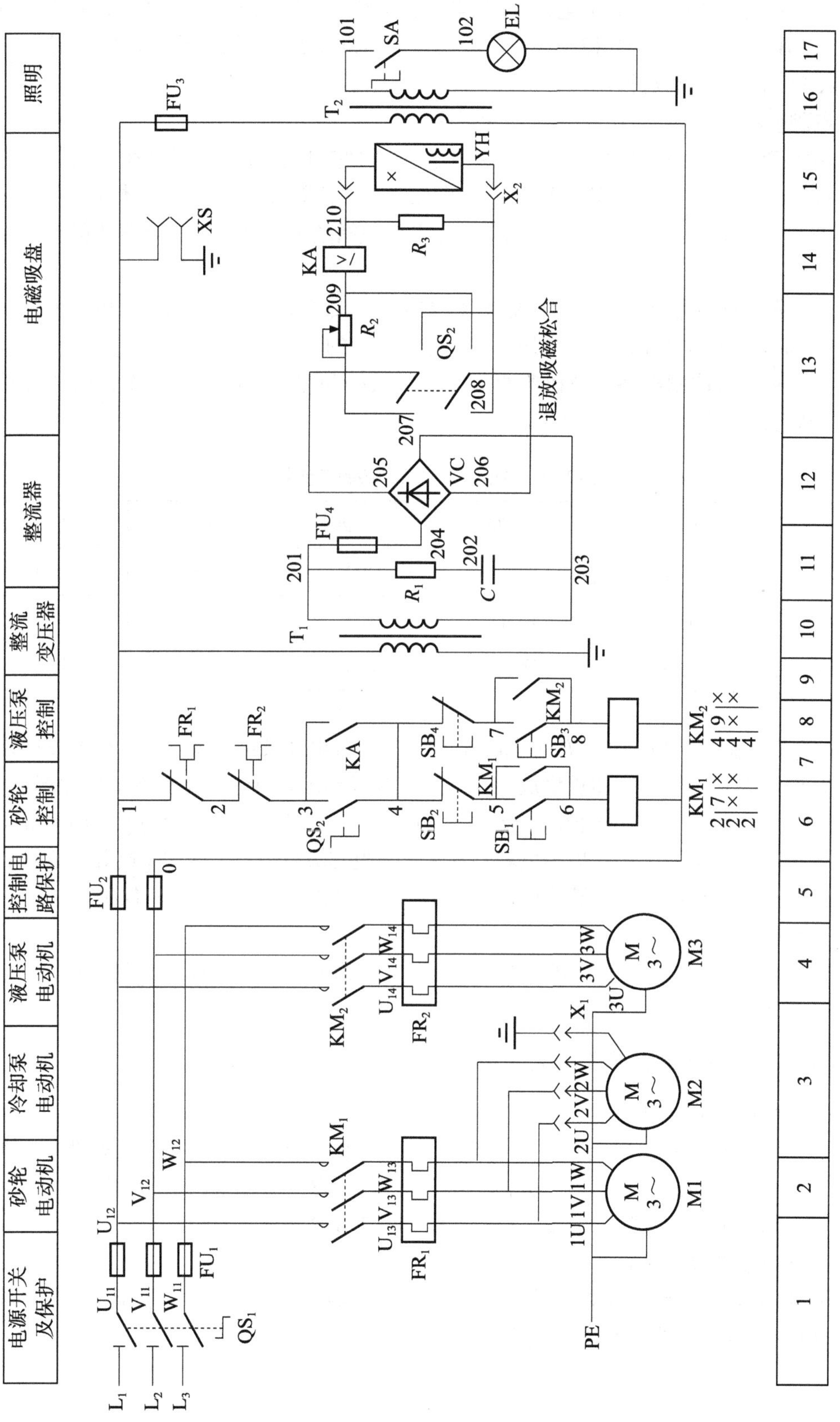

图 2-3-2 M7130型平面磨床电气控制线路

电连续运转；按下 SB₂，KM₁ 失电，M1 断电停止运转。液压泵电动机 M3 的控制原理与之相似，由 SB₃ 控制启动，SB₄ 控制停止。冷却泵电动机 M2 在砂轮电动机 M1 启动运转后，接上接插器 X₁ 才能启动运行。

3. 电磁吸盘电路

电磁吸盘是装夹在工作台上用来固定工件的一种夹具。具有夹紧迅速、操作快速简便、不损伤工件、一次能吸牢多个小工件等优点，缺点是只能吸住铁磁材料工件，不能吸牢非磁性材料（如铜、铝）工件。电磁吸盘电路包括整流电路、控制电路和保护电路三部分。

（1）电磁吸盘整流电路：由变压器 T_1 将 220 V 的交流电压降为 145 V，再经桥式整流器 VC 整流后输出约 130 V 的直流电压，作为电磁吸盘的电源。

（2）电磁吸盘控制电路：电磁吸盘有吸合、放松和退磁三种工作状态，由转换开关 QS_2 控制状态的转换，见表 2-3-2。

表 2-3-2　转换开关 QS_2 触头的工作状态

	205～206	205～207	206～209	206～208	3～4
吸合	闭合	断开	闭合	断开	断开
放松	断开	断开	断开	断开	断开
退磁	断开	闭合	断开	闭合	闭合

（3）电磁吸盘保护电路：由放电电阻 R_3 和欠电流继电器 KA 组成。电阻 R_3 的作用是在电磁吸盘断电瞬间给吸盘线圈提供放电通路，吸收线圈因自感电动势而释放的磁场能量。欠电流继电器 KA 的作用是防止电磁吸盘断电或电池不足时，电磁吸盘的吸力消失或减小导致工件飞出发生事故。电阻 R_1 与电容 C 并联组成阻容吸收电路，作用是吸收电磁吸盘回路交流侧的过电压和直流侧通断时产生的浪涌电压，对整流器进行过电压保护。

4. 照明电路

由熔断器 FU_3、变压器 T_2、开关 SA、照明灯 EL 构成。照明变压器 T_2 将 380 V 的交流电压降为 24 V 的安全电压。

（三）M7130 型平面磨床常见电气故障分析

1. 电磁吸盘无吸力的故障

若控制回路电源正常（即合上 QS 和 SA 后灯 EL 能正常亮），但电磁吸盘无吸力，则故障在电磁吸盘控制电路。检修时，先测量吸盘两端（208～210）电压是否正常（110 V），若不正常，则逐级向变压器 T_1 测量，检修流程如图 2-3-3 所示。

2. 电磁吸盘吸力不足的故障

故障原因是电磁吸盘线圈发生局部短路或整流器输出电压不正常。整流器 VC 空载时输出电压应为 130 V 左右，负载时应不小于 110 V。

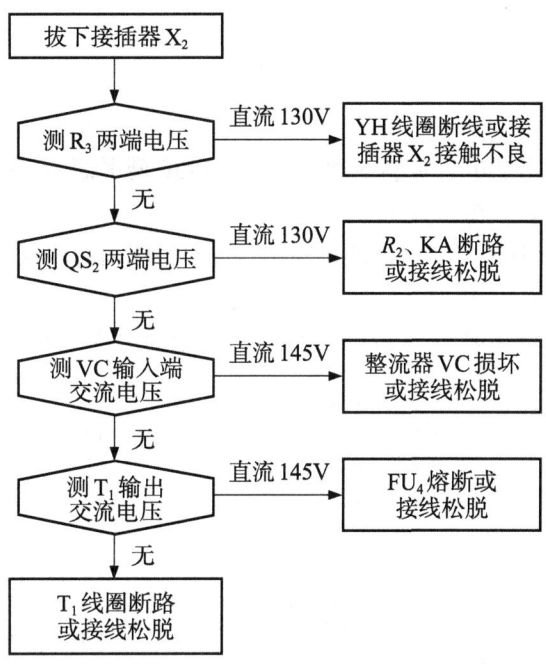

图 2-3-3　吸盘无吸力故障检修流程

3. 电磁吸盘退磁不充分取下工件困难的故障

故障原因一是退磁电路断路，没有退磁，此时检查转换开关 QS_2 触头接触是否良好，退磁电阻 R_2 是否损坏；二是退磁电压过高，此时调整电阻 R_2，将退磁电压调至 5～10 V；三是退磁时间掌握不当，不同材质的工件，所需退磁时间不同，注意掌握好退磁时间。检修流程如图 2-3-4 所示。

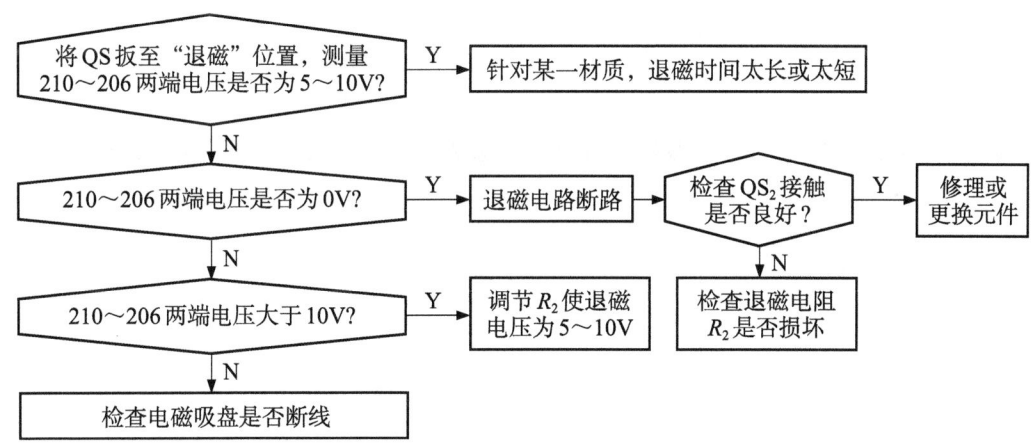

图 2-3-4　吸盘退磁不充分故障检修流程

三、技能实训

（一）提出任务

参照如图2-3-2所示的电气控制原理图，对M7130型平面磨床控制线路实训设备进行故障的检查、分析及排除。要求如下：

1. 对M7130型平面磨床实训设备进行操作，观察磨床运行状况，找出故障点，并口述分析故障现象。
2. 根据排查情况，填写表2-3-3故障情况表，并在故障局部电路图上圈出故障点。

表2-3-3 故障情况表

故障1名称：	故障2名称：	故障3名称：
故障1局部电路图：	故障2局部电路图：	故障3局部电路图：
故障1的排除方法及步骤：	故障2的排除方法及步骤：	故障3的排除方法及步骤：

（二）实训过程

1. 教师对 M7130 型平面磨床实训设备设置 2~3 个故障点。
2. 学生操作设备，查找故障点。
3. 教师巡回指导总结。

【任务评价】

"M7130 型平面磨床电气控制线路故障检查、分析及排除"的任务评分标准参照表 2-3-4。

表 2-3-4　评分标准

序号	项目	配分	评分标准	扣分	得分
1	机床操作与检修	35分	（1）每少检测1个故障点，扣5分； （2）能检测出故障点，但完全不会对机床进行操作，扣6分； （3）能检测出故障点，并能根据要求对 M7130 型平面磨床进行操作，但操作不熟练扣4分； （4）断电检测方法不正确，扣3分； （5）带电检测方法不正确，扣3分； （6）仪表使用不熟练，扣2分		
2	故障现象判断分析与检修步骤	35分	（1）未能正确口头描述故障现象，扣5分； （2）对故障名称的文字表达不够准确，扣3分； （3）未能正确用文字形式描述故障检修的方法及步骤，扣5分； （4）排查分析故障的文字表达不够准确，扣2分； （5）文字描述中有错别字或语句不通顺的每处扣1分，最多扣7分； （6）完全不知道故障排除方法和检修步骤，扣10分		
3	绘制故障点局部电路图	20分	（1）绘制的故障点局部电路图错误，每错1个故障点扣3分，最多扣9分； （2）未在局部电路图中标出故障点的，每个扣1分； （3）故障点局部电路图有符号错误或文字错误的，每处扣1分，最多扣6分		
4	安全文明生产	10分	（1）违反安全操作规程，扣3分； （2）操作现场工具、器具、仪表、材料摆放不整齐，扣2分； （3）劳动保护用品佩戴不符合要求，扣2分		

续表

序号	项目	配分	评分标准	扣分	得分
5	超时扣分		若未在规定时间（1小时）内完成，经教师同意，可适当延时，每超时5分钟，扣2分，以此类推		

说明：以上各项扣分最多不超过该项所配分值		成绩	
开始时间		结束时间		实际时间	

【课后习题】

一、填空题

1．M7130型平面磨床是（　　　）式，其主要结构包括床身、（　　　）、（　　　）、（　　　）和立柱等。

2．M7130型平面磨床的主运动是（　　　），进给运动是工作台的（　　　）以及砂轮架的（　　　）。

3．M7130型平面磨床工作台的往复运动是由液压传动完成的，其优点是（　　　），易于实现（　　　）。

4．电磁吸盘电路包括（　　　）、（　　　）和（　　　）三部分。

5．在M7130型平面磨床的电气控制线路中，插座XS的作用是（　　　）。

二、判断题

1．M7130型平面磨床砂轮在加工过程中需要调速。（　　　）

2．电磁吸盘的吸力不足，经检查发现整流器空载输出电压正常，而带负载时输出电压远小于110 V，由此可判断电磁吸盘线圈短路。（　　　）

3．若电磁吸盘电路中电阻 R_2 开路，则会造成吸盘既不能充磁也不能退磁。（　　　）

4．M7130型平面磨床的砂轮架的横向进给运动只能由液压传动。（　　　）

5．M7130型平面磨床无法加工非磁性工件。（　　　）

三、综合题

1．简述电磁吸盘与机械夹具相比较有哪些优点和缺点？

2．结合M7130型平面磨床电路图，试分析电磁吸盘退磁的控制过程。

3．在M7130型平面磨床的电气控制线路中，熔断器 FU_1 中的U相、V相、W相分别单独熔断会有什么现象？

模块三　可编程控制器控制电路装调技能

任务一　PLC控制三相异步电动机实现双重联锁正反转控制线路改造

【任务目标】

1. 知识目标

（1）了解PLC的定义、结构及工作原理。
（2）了解PLC的五种编程语言。
（3）掌握PLC控制电动机正反转的程序设计。

2. 能力目标

（1）能根据控制要求正确选择PLC型号。
（2）依据电气制图规范能够正确绘制PLC的电气I/O接线图。
（3）熟练PLC编程软件的操作。
（4）能根据改造要求安装调试PLC控制系统。

3. 思政素养目标

（1）培养学生安全文明生产的职业素养。
（2）弘扬爱岗敬业、精益求精的工匠精神。
（3）树立严谨的学习态度，培养改革创新的发展思维。

【任务描述】

如图3-1-1所示，试用PLC对三相异步电动机双重联锁正反转控制线路进行改造，要求保留主电路部分，改造后要维持原本有的控制功能，设计PLC程序，并进行安装调试运行。

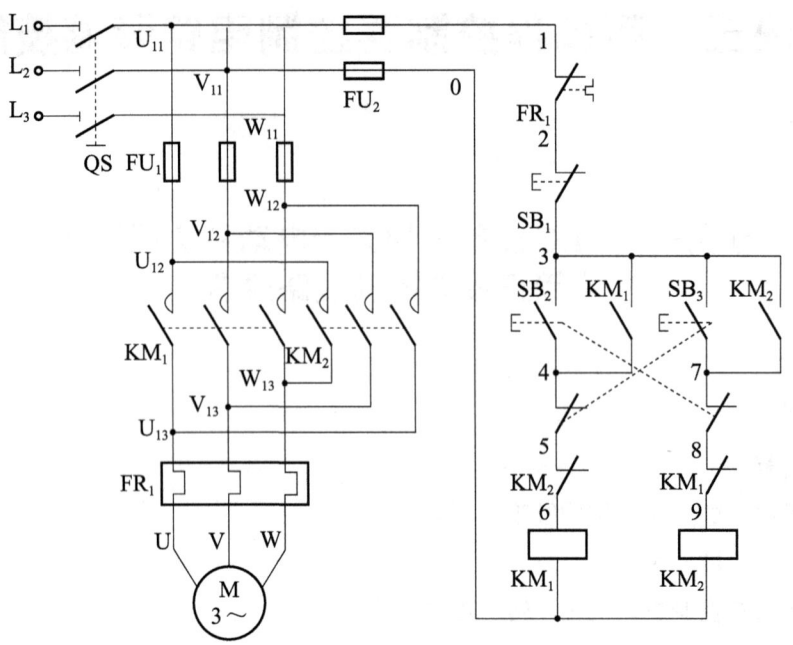

图 3-1-1 三相异步电动机双重联锁正反转控制线路

【任务实施】

一、任务准备

任务准备清单参照表 3-1-1。

表 3-1-1 工具、仪表及器材

序号	名称	规格	数量	备注
1	可编程控制器实训设备	自定	1套	含PLC、按钮、接触器、熔断器、电动机等电器
2	计算机	自定	1台	含PLC编程软件以及下载通信线
3	常用电工工具及仪表	自定	若干	螺丝刀、尖嘴钳、剥线钳、电笔、万用表等
4	连接导线	自定	若干	

二、相关知识

（一）认识PLC

可编程逻辑控制器（Programmable Logic Controller），简称PLC，是一种专门为在工业环境下应用而设计的数字运算操作电子系统，具有微处理器的、用于自动化控制的数字运算控制器。可编程逻辑控制器由 CPU、存储器、电源、输入/输出接口、通信扩展接口等功能单元组成，如图 3-1-2 所示。PLC 的工作原理是其工作过程一般分为输入采样、程序执行和输出刷新三个阶段，完成一次这三个阶段称为一个扫描周期，在 PLC 运行期间，CPU 不断地以一定的扫描速度重复执行上述三个阶段。PLC 具有可靠性高、编程容易、组态灵活、运行速度快且稳定、输入输出功能模块齐全、安装方便等功能特性。PLC 的生产厂商及品种很多，如台达、西门子、施耐德、三菱、欧姆龙、汇川等。

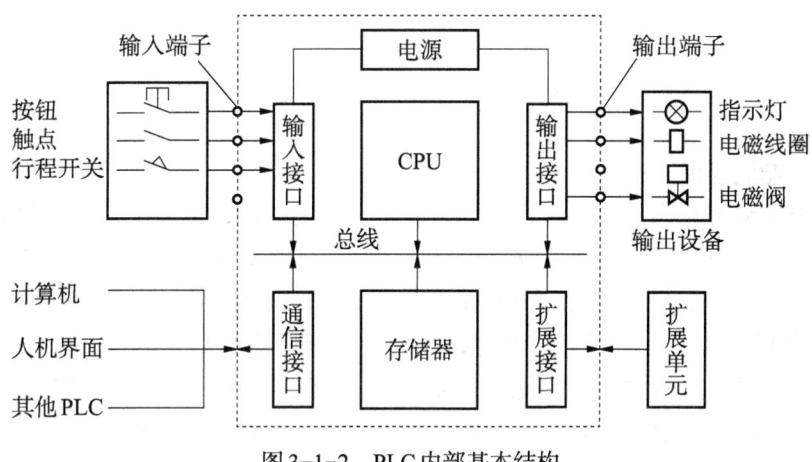

图 3-1-2　PLC 内部基本结构

（二）PLC 的编程语言

根据国际电工委员会制定的工业控制编程语言标准，PLC 编程语言包括梯形图（LD）、指令表（IL）、功能模块图（FBD）、顺序功能流程图（SFC）和结构化文本（ST）5 种。

1. 梯形图（LD）

梯形图是 PLC 程序设计中最常用的编程语言，是与继电器线路类似的一种编程语言，具有直观性和对应性特点，图 3-1-3 所示为"起保停控制线路"梯形图。

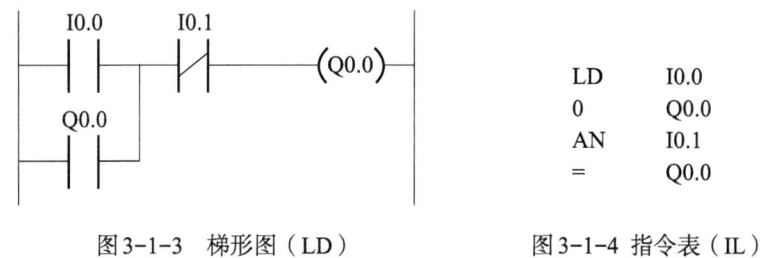

图 3-1-3　梯形图（LD）　　　　　图 3-1-4　指令表（IL）

2. 指令表（IL）

指令表是类似于汇编语言的一种助记符编程语言，由操作码和操作数组成，它与梯形图一一对应，具有容易记忆便于掌握的特点，如图 3-1-4 所示。在无计算机的情况下，可用 PLC 手持编程器对用户程序进行指令表式编程。

3. 功能模块图（FBD）

功能模块图是与数字逻辑电路类似的一种PLC编程语言，它以功能模块为单位，采用图块的形式来表达模块所具有的功能，直观性强，能够清楚表达功能关系，使编程调试时间大大减少，如图3-1-5所示。

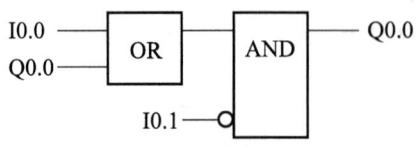

图3-1-5　功能模块图（FBD）

4. 顺序功能流程图（SFC）

顺序功能流程图是为了满足顺序逻辑控制而设计的编程语言。步、转换和动作是顺序功能图的三种主要元件，如图3-1-6a图所示，步是一种逻辑块，每一步代表一个控制功能任务，用方框表示；动作是控制任务的独立部分，每一步可以进一步划分为一些动作；转换是从一个任务到另一个任务的条件；编程时将顺序流程动作的过程分成步和转换条件，根据转换条件对控制系统的功能流程顺序进行分配，一步一步地按照顺序动作，如图3-1-6b图所示示例。这种编程语言使程序结构清晰，易于阅读及维护，大大减轻编程工作量，缩短编程和调试时间。一般用于较大规模系统，较复杂程序关系的场合。

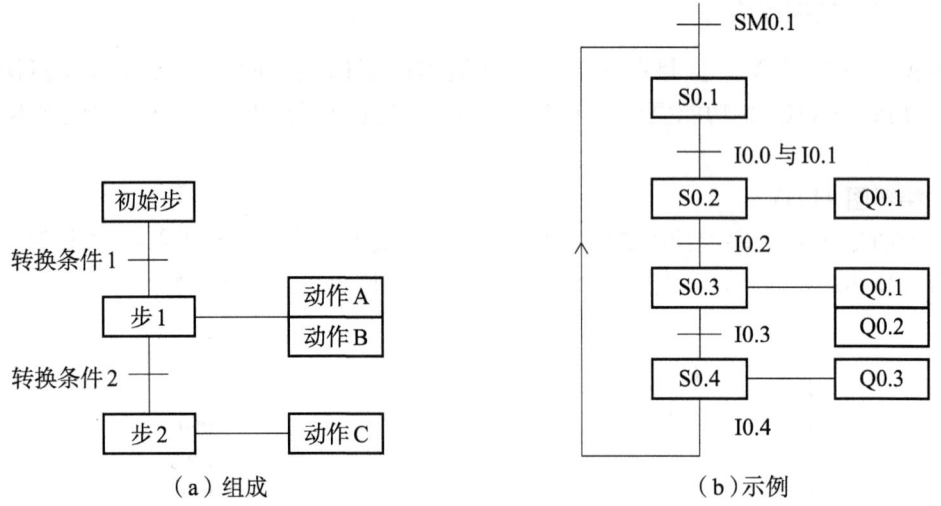

图3-1-6　顺序功能流程图

5. 结构化文本（ST）

结构化文本是用结构化的文字来描述程序的一种编程语言，类似于C语言或PASCAL语言等高级语言。在大中型的PLC系统中，常采用结构化文本来描述控制系统中各个变量的关系，主要用于其他编程语言较难实现的用户程序编制。结构化文本编程的特点是采用高级语言进行编程，可以完成较复杂的控制运算；需要有一定的计算机高级语言的知识和编程技巧，对工程设计人员的要求较高；直观性和操作性较差。示例如图3-1-7所示。

```
IF #ControlValve1_Closed = false AND #ControlValve1_Open = True THEN
    #Pump_Start:= TRUE;
ELSIF #ControlValve1_Closed = True OR #ControlValve1_Open = False THEN
    #Pump_Start:= False;
END_IF;
```

图 3-1-7　结构化文本示例

三、技能实训

（一）提出任务

参照图 3-1-1 所示电路图，用 PLC 对三相异步电动机双重联锁正反转控制线路进行改造，改造的控制要求如下：

（1）保留已有的主电路部分，将控制电路改造成由 PLC 控制。

（2）按下 SB_2 按钮，三相异步电动机得电启动正转，松开 SB_2 按钮，三相异步电动机能持续保持得电正转。

（3）按下 SB_3 按钮，三相异步电动机得电启动反转，松开 SB_3 按钮，三相异步电动机能持续保持得电反转。

（4）三相异步电动机在运行时，正反转状态可以直接切换。

（5）按下 SB_1 按钮，三相异步电动机停止工作。

（6）要有接触器互锁功能，有短路、过载保护功能。

（二）实训过程

1. 分配 PLC 的 I/O 点

根据改造控制要求，需要用到 PLC 的 4 个输入点和 2 个输出点，则可以选择 H0U-0808MR-XP 型或 H1U-0806MR-XP 型的汇川 PLC、FX1N-14MR 型或 FX2N-16MR 型的三菱 PLC、S7-200/CPU221/AC/DC/RLY 型或 S7-1200/CPU1211C/AC/DC/RLY 型的西门子 PLC 为宜，以上型号的 PLC 均可满足控制要求。其 I/O 点分配见表 3-1-2（以三菱 FX2N-16MR 型 PLC 为例）。

表 3-1-2　PLC 的 I/O 分配表

输入（I）		输出（O）	
外接元件	输入继电器地址	外接元件	输出继电器地址
热继电器 FR_1	X_0	正转接触器 KM_1	Y_1
停止按钮 SB_1	X_1	反转接触器 KM_2	Y_2
正启按钮 SB_2	X_2		
反启按钮 SB_3	X_3		

2. 绘制PLC的电气原理图

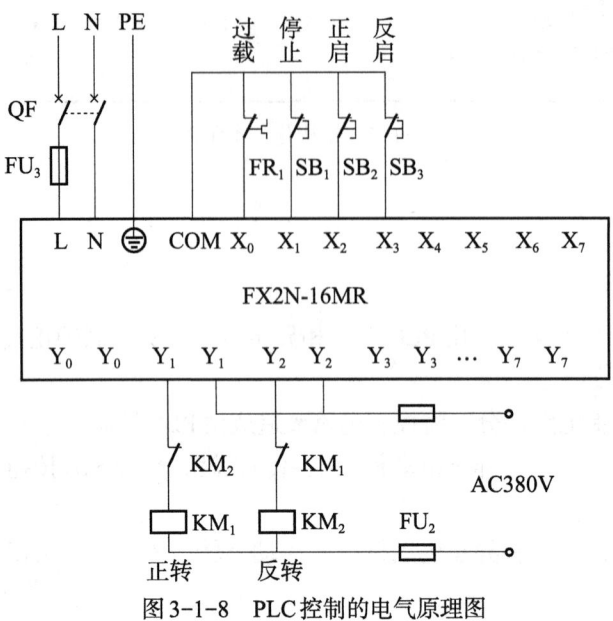

图3-1-8 PLC控制的电气原理图

根据改造控制要求，绘制PLC控制线路的电气原理图如图3-1-8所示（以三菱FX2N-16MR型PLC为例）。相比继电器控制线路，PLC控制线路接线更少、运行更稳定。

3. 编写PLC程序

根据改造控制要求，编写PLC程序的梯形图如图3-1-9所示，接触器互锁功能，过载保护功能均体现在程序里面，功能改动方便灵活。

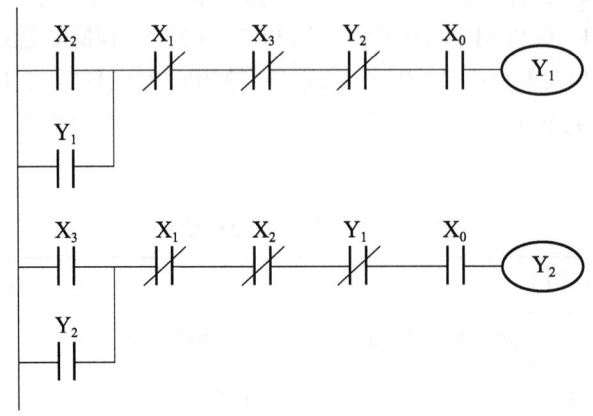

图3-1-9 梯形图

4. 接线并通电调试

安装调试注意事项：接线前检查元器件的好坏，依据电气线路安装规范进行接线；对线号做好标记，特别是容易混淆的PLC输出端接线；下载程序时，根据程序的实际步数设置下载步数，可缩短下载时间；通电调试前先用万用表电阻挡静态测量电源端，确保无短路方可通电调试运行。

【任务评价】

任务的评分标准参照表3-1-3。

表3-1-3 评分标准

序号	项目	配分	评分标准	扣分	得分
1	PLC选型及输入、输出点分配	20分	（1）正确选择PLC型号，型号中未体现PLC品牌、点数、类型的扣5分； （2）正确分配I/O点，每少分配一个输入点或输出点扣3分；分配不合理每处扣2分		
2	绘制电气原理图及接线	40分	（1）正确画出电气原理图，不符合电气制图规范每错1处扣2分；未画未标明输入电源扣3分，最多扣10分； （2）正确连接PLC接线，接线错误每处扣2分，接线不规范每处扣1分，最多扣10分； （3）正确标注PLC的I/O口线号，未标号每处扣2分；标号错误每处扣1分，最多扣10分		
3	程序编写及系统调试	30分	（1）按下SB_2正启按钮，PLC没有输出信号扣6分；PLC有输出信号但接触器未工作扣4分；PLC有输出信号且接触器已工作但电动机未启动扣2分；电动机能启动正转但不能自锁扣2分；以上所有都不正确扣6分； （2）按下SB_3反启按钮，PLC没有输出信号扣6分；PLC有输出信号但接触器未工作扣4分；PLC有输出信号且接触器已工作但电动机未启动扣2分；电动机能启动反转但不能自锁扣2分；以上所有都不正确扣6分； （3）电动机没有正反转区分，都是同一个方向旋转扣5分； （4）不能实现电动机正反转直接切换扣5分； （5）按下SB_1停止按钮，电动机不能停止扣4分；能停止但松开SB_1按钮，电动机仍运转扣2分； （6）接触器没有互锁功能，扣4分； （7）没有过载保护功能，扣2分		
4	安全文明生产	10分	（1）违反安全操作规程，扣3分； （2）操作现场工具、器具、仪表、材料摆放不整齐，扣2分； （3）劳动保护用品佩戴不符合要求，扣2分		
5	超时扣分		若未在规定时间（1小时）内完成，经教师同意，可适当延时，每超时5分钟，扣2分，以此类推		
说明：以上各项扣分最多不超过该项所配分值				成绩	
开始时间			结束时间	实际时间	

【课后习题】

一、填空题

1. PLC 的中文全称是（　　　　　　　　　）。

2. PLC 的工作原理即工作过程的三阶段分别是（　　　　　）（　　　　　）（　　　　　）。

3. 某 PLC 的型号为 FX1N-14MR，则该 PLC 有（　　　　）个输入点和（　　　　）个输出点。

4. S7-200/CPU221/AC/DC/RLY 西门子 PLC 是一种（　　　　）输出类型的 PLC。

5. PLC 停止时，（　　　　）阶段不停止执行。

二、判断题

1. PLC 中输入和输出继电器的触点可使用无限次。（　　）

2. PLC 的 I/O 单元具有多种形式的保护通道，如光电耦合、滤波电路等，以抑制高频干扰，削弱各模块之间的直接影响，所以 PLC 具有抗干扰能力强的特点。（　　）

3. 三菱 PLC 编程软件 GX Developer 可应用于 FX 系列、A 系列、Q 系列 PLC 的编程。（　　）

4. 若出现 PLC 输出指示灯亮但无法控制输出的现象，一般可判断是 PLC 输出模块的硬件故障问题。（　　）

5. 三菱 PLC 编程语言 LD 是指指令表编程，编程语言 IL 是指梯形图编程。（　　）

三、综合题

试用西门子 S7-1200PLC 对本任务进行改造控制，画出 I/O 接线图，编写控制程序。

任务二　PLC控制三相异步电动机实现工作台自动往返控制线路改造

【任务目标】

1. 知识目标

（1）掌握电力拖动"启保停"环节的PLC编程方法。
（2）了解PLC的输入接口电路，并掌握其外部器件的接法。
（3）了解PLC的输出接口电路，并掌握其外部负载的接法。
（4）进一步掌握PLC程序设计方法。

2. 能力目标

（1）能根据控制要求正确选择PLC型号。
（2）能够依据电气制图规范正确绘制PLC的电气I/O接线图。
（3）熟练PLC编程软件的操作。
（4）能根据改造要求安装调试PLC控制系统。

3. 思政素养目标

（1）培养学生安全文明生产的职业素养。
（2）弘扬爱岗敬业、精益求精的工匠精神。
（3）树立严谨的学习态度，培养改革创新的发展思维。

【任务描述】

如图3-2-1所示，试用PLC对工作台自动往返控制线路进行改造，要求保留主电路部分，改造后要维持原本有的控制功能，设计PLC程序，并进行安装调试运行。

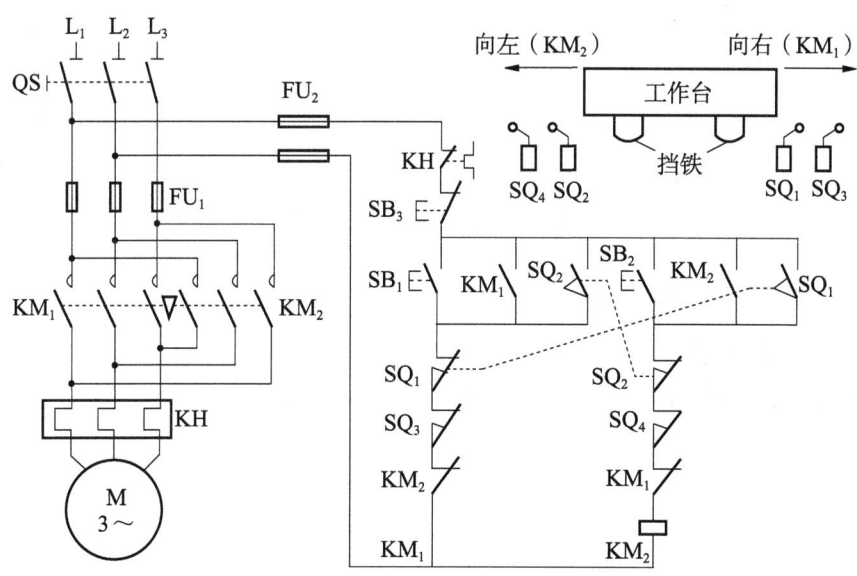

图3-2-1　工作台自动往返控制线路

【任务实施】

一、任务准备

任务准备清单参照表3-2-1。

表3-2-1 工具、仪表及器材

序号	名称	规格	数量	备注
1	可编程控制器实训设备	自定	1套	含PLC、按钮、接触器、熔断器、行程开关、电动机等电器
2	计算机	自定	1台	含PLC编程软件以及下载通信线
3	常用电工工具及仪表	自定	若干	螺丝刀、尖嘴钳、剥线钳、电笔、万用表等
4	连接导线	自定	若干	

二、相关知识

(一)"启保停"环节的PLC编程

假设启动触点为 X_0,停止触点为 X_1,接触器输出线圈为 Y_0,则"启保停"环节的PLC编程有两种方法,如图3-2-2所示。

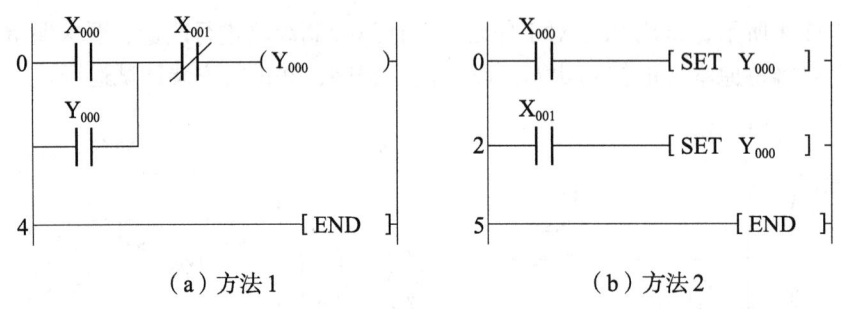

(a)方法1　　　　　　　　　　(b)方法2

图3-2-2 启保停的PLC梯形图

(二)PLC的输入和输出接口电路

1. PLC输入接口电路

三菱FX2N系列PLC的输入接口电路如图3-2-3所示。

模块三　可编程控制器控制电路装调技能

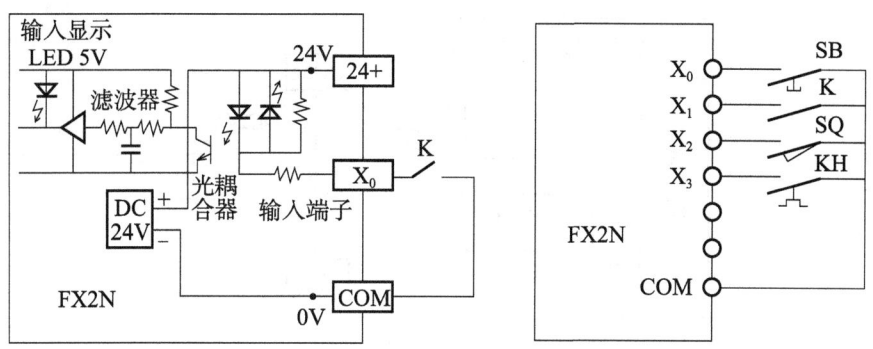

图 3-2-3　FX2N 系列 PLC 的输入接口电路

三菱 FX3U 系列 PLC 的输入接口电路有两种形式，一是漏型（公共端接负极），二是源型（公共端接正极），如图 3-2-4 所示。

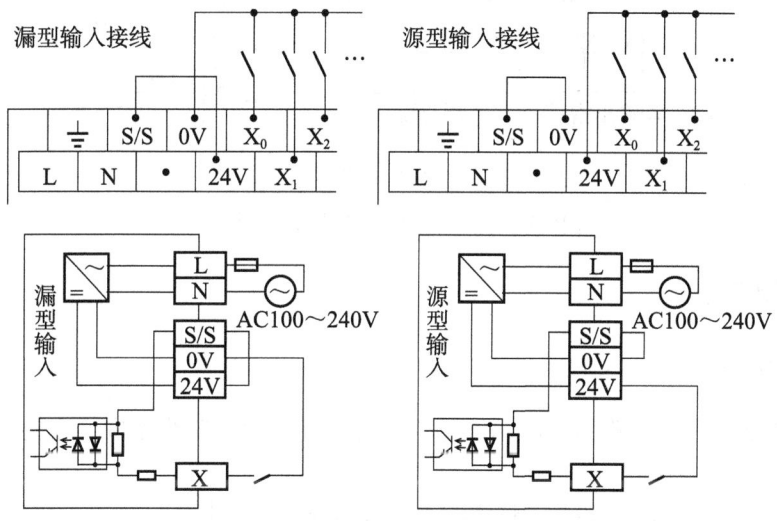

图 3-2-4　FX3U 系列 PLC 的输入接口电路

2. PLC 输出接口电路

PLC 的输出方式有三种：继电器输出、晶体管输出、晶闸管输出。三种输出方式所接外部负载也各不相同，继电器输出可接交流负载或直流负载，晶体管输出仅能接直流负载，晶闸管输出仅能接交流负载，如图 3-2-5 为三菱 PLC 的三种输出方式的接口电路。

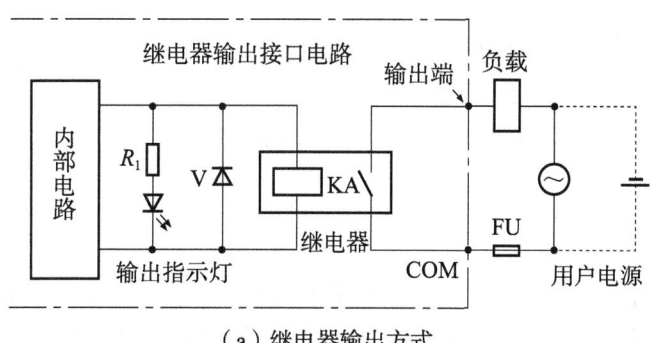

（a）继电器输出方式

· 67 ·

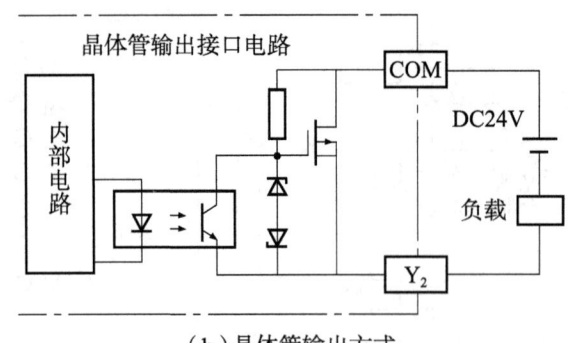

（b）晶体管输出方式

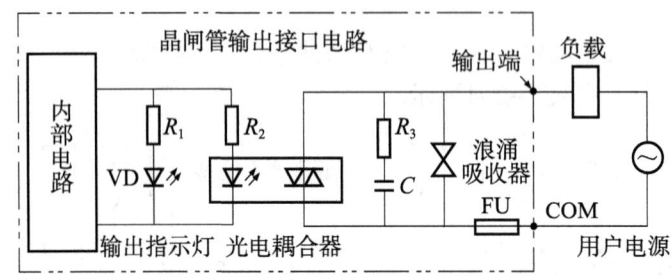

（c）晶闸管输出方式

图 3-2-5　三菱 PLC 输出接口电路

三、技能实训

（一）提出任务

参照图 3-2-1 所示电路图，用 PLC 对工作台自动往返控制线路进行改造，改造的控制要求如下：

（1）保留已有的主电路部分，将控制电路改造成由 PLC 控制。

（2）按下 SB_1 按钮，工作台启动向右运行，当挡铁碰撞到行程开关 SQ_1 时，工作台停止右行，并自动向左运行；左行至挡铁碰撞到行程开关 SQ_2 时，工作台停止左行，又自动向右运行；如此往复循环。

（3）按下 SB_2 按钮，工作台启动向左运行，当挡铁碰撞到行程开关 SQ_2 时，工作台停止左行，并自动向右运行；右行至挡铁碰撞到行程开关 SQ_1 时，工作台停止右行，又自动向左运行；如此往复循环。

（4）工作台在运行时，左行右行可以自动切换。

（5）按下 SB_3 按钮，工作台停止运行。

（6）要有行程开关互锁功能，工作台后限位保护功能。

（二）实训过程

1. 分配 PLC 的 I/O 点

根据控制要求，需要用到 PLC 的 8 个输入点和 2 个输出点，则可以选择汇川 H0U-0808MR-XP 型或 H1U-0806MR-XP 型的 PLC、三菱 FX1N-14MR 型或 FX2N-16MR 型的 PLC、西门子 S7-200/CPU222/AC/DC/RLY 型或 S7-1200/CPU1212C/AC/DC/RLY 型的 PLC，以上几种 PLC 均可满足控制要求。其 I/O 点分配见表 3-2-2（以三菱 FX2N-16MR 型 PLC 为例）。

表 3-2-2　PLC 的 I/O 分配表

输入（I）		输出（O）	
外接元件	输入继电器地址	外接元件	输出继电器地址
热继电器 KH	X_0	正转右行接触器 KM_1	Y_1
右行启动按钮 SB_1	X_1	反转左行接触器 KM_2	Y_2
左行启动按钮 SB_2	X_2		
停止按钮 SB_3	X_3		
右前限位 SQ_1	X_4		
左前限位 SQ_2	X_5		
右后限位 SQ_3	X_6		
左后限位 SQ_4	X_7		

2. 绘制 PLC 的电气原理图

PLC 电气原理图如图 3-2-6 所示。

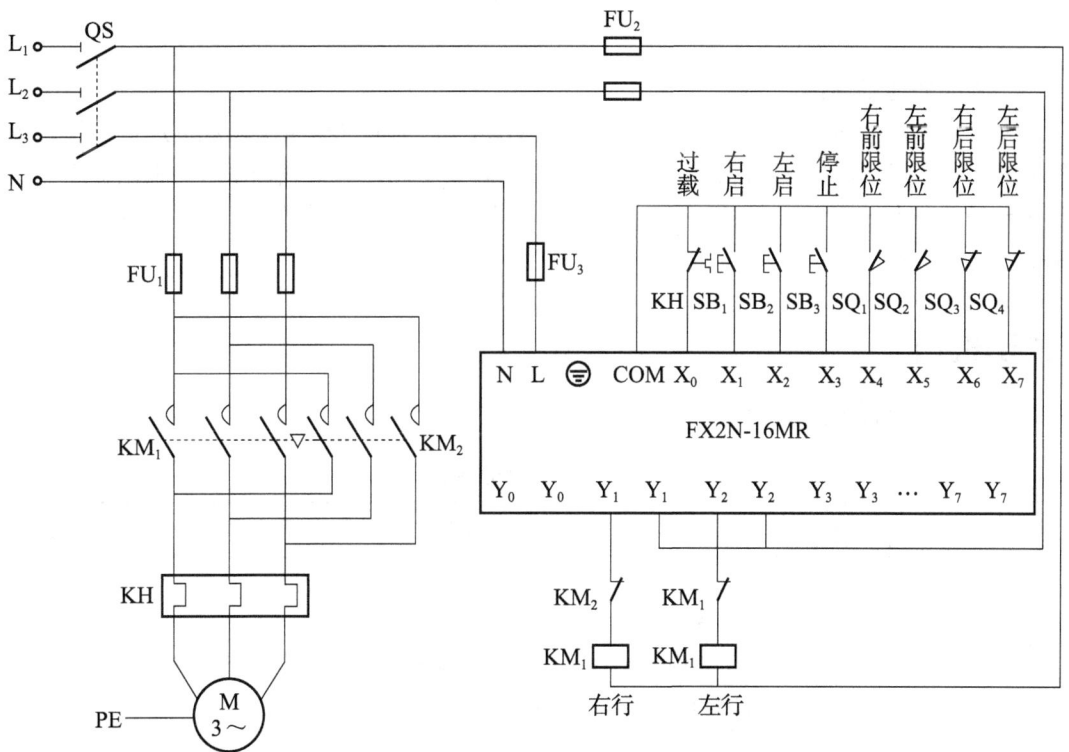

图 3-2-6　PLC 控制的电气原理图

根据改造的控制要求，绘制PLC控制线路的电气原理图，如图3-2-6所示（以三菱FX2N-16MR型PLC为例）。相比继电器控制线路，PLC控制线路接线更少、运行更稳定。

3. 编写PLC程序

根据改造的控制要求，编写PLC程序的梯形图，如图3-2-7所示，行程开关互锁功能、工作台后限位保护功能均可体现在程序里面，功能改动方便灵活。

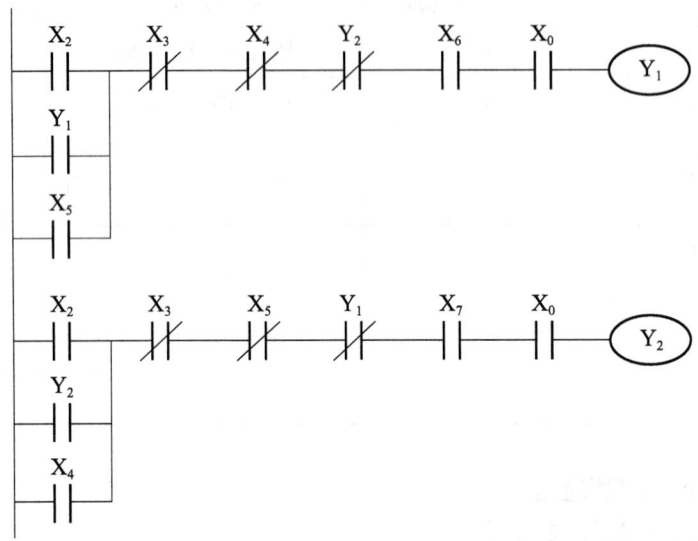

图3-2-7 PLC程序的梯形图

4. 接线并通电调试

安装调试注意事项：接线前检查元器件的好坏，依据电气线路安装规范进行接线；本任务PLC的输入端接线相对较多容易混淆，应做好线号标记；下载程序时，根据程序的实际步数设置下载步数，可缩短下载时间；通电调试前先用万用表电阻挡静态测量电源端，确保无短路方可通电调试运行。

【任务评价】

任务的评分标准参照表3-2-3。

表3-2-3 评分标准

序号	项目	配分	评分标准	扣分	得分
1	PLC选型及输入输出点分配	20分	（1）正确选择PLC型号，型号中未体现PLC品牌、点数、类型的扣5分； （2）正确分配I/O点，每少分配一个输入点或输出点扣3分，分配不合理每处扣2分		

续表

序号	项目	配分	评分标准	扣分	得分
2	绘制电气原理图及接线	40分	（1）正确画出电气原理图，不符合电气制图规范每错1处扣2分，未画或未标明输入电源扣3分，最多扣10分； （2）正确连接PLC接线，接线错误每处扣2分，接线不规范每处扣1分，最多扣10分； （3）正确标注PLC的I/O口线号，未标号每处扣2分，标号错误每处扣1分，最多扣10分		
3	程序编写及系统调试	30分	（1）按下SB_1右启按钮，PLC没有输出信号扣6分，PLC有输出信号但接触器未工作扣4分，PLC有输出信号且接触器已工作但工作台未右行扣2分，工作台能启动右行但不能自锁扣2分，以上所有都不正确扣6分； （2）按下SB_2左启按钮，PLC没有输出信号扣6分，PLC有输出信号但接触器未工作扣4分，PLC有输出信号且接触器已工作但工作台未左行扣2分，工作台能启动左行但不能自锁扣2分，以上所有都不正确扣6分； （3）工作台没有右行左行区分，都是同一个方向运行扣5分； （4）不能实现工作台右行左行自动切换扣5分； （5）按下SB_3停止按钮，工作台不能停止扣4分，能停止但松开SB_3按钮，工作台仍运行扣2分； （6）行程开关没有互锁功能扣4分； （7）没有后限位和过载保护功能，各扣1分		
4	安全文明生产	10分	（1）违反安全操作规程，扣3分； （2）操作现场工具、器具、仪表、材料摆放不整齐，扣2分； （3）劳动保护用品佩戴不符合要求，扣2分		
5	超时扣分		若未在规定时间（1小时）内完成，经教师同意，可适当延时，每超时5分钟，扣2分，以此类推		
说明：以上各项扣分最多不超过该项所配分值				成绩	
开始时间			结束时间	实际时间	

【课后习题】

一、填空题

1. 三菱 FX3U 系列 PLC 的输入接口电路通常有（　　　　）和（　　　　）两种形式接法。

2. PLC 的输出电路通常有（　　　）、（　　　）、（　　　）三种类型。

3. FX3U 系列 PLC 输入用（　　　）表示，输出用（　　　）表示。

4. S7-1200 系列 PLC 输入用（　　　）表示，输出用（　　　）表示。

5. PLC 的输入/输出接口电路采用光电耦合器的主要作用是（　　　）。

6. 继电器输出类型的 PLC 可控制（　　　）或（　　　）负载。

二、判断题

1. PLC 控制系统干扰的来源及途径主要是电源的干扰、信号线引入的干扰、接地系统的干扰等。（　　　）

2. FX2N 系列的继电器输出型 PLC，不可以输出高速脉冲。（　　　）

3. RST 指令是使操作保持断开的指令。（　　　）

4. 三菱 PLC 定时器 T 的设定值可由用户存储器内的常数 K 设定，也可以由指定的数据寄存器 D 存储数据来设定。（　　　）

5. PLC 的接地可以和其他设备公同接地，无需单独接地。（　　　）

三、综合题

试用西门子 S7-1200 PLC 对本任务进行改造控制，画出 I/O 接线图，编写控制程序。

任务三　PLC控制三相异步电动机实现星-三角降压启动控制线路改造

【任务目标】

1. 知识目标

（1）掌握电力拖动"星-三角降压启动控制（Y/△）"环节的PLC编程方法。
（2）掌握"Y/△"控制电路与PLC输入接口电路的外部器件的接法。
（3）掌握"Y/△"控制电路与PLC输出接口电路的外部负载的接法。
（4）进一步掌握PLC程序设计方法。

2. 能力目标

（1）能根据控制要求正确选择PLC型号。
（2）依据电气制图规范，能够正确绘制PLC的电气I/O接线图。
（3）熟练PLC编程软件的操作。
（4）能根据改造要求安装调试PLC控制系统。

3. 思政素养目标

（1）培养学生安全文明生产的职业素养。
（2）弘扬爱岗敬业、精益求精的工匠精神。
（3）树立严谨的学习态度，培养改革创新的发展思维。

【任务描述】

如图3-3-1所示，试用PLC对三相异步电动机实现星-三角降压启动控制线路改造，要求保留主电路部分，改造后要维持原本有的控制功能，设计PLC程序，并进行安装调试运行。

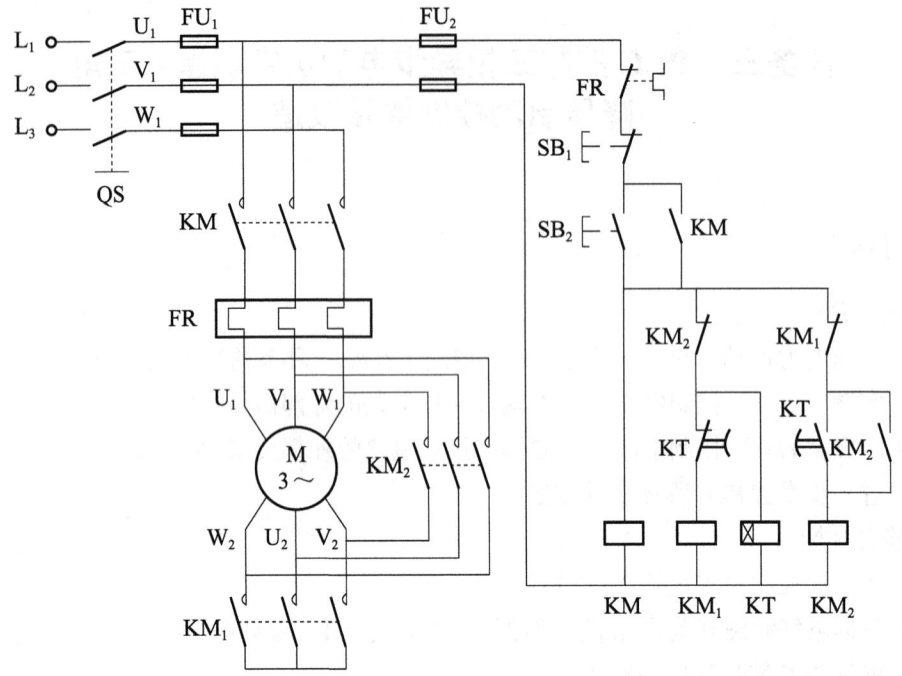

图3-3-1 三相异步电动机星－三角降压启动控制线路

【任务实施】

一、任务准备

任务准备清单参照表3-3-1。

表3-3-1 工具、仪表及器材

序号	名称	规格	数量	备注
1	可编程控制器实训设备	自定	1套	含PLC、按钮、接触器、熔断器、电动机等电器
2	计算机	自定	1台	含PLC编程软件以及下载通信线
3	常用电工工具及仪表	自定	若干	螺丝刀、尖嘴钳、剥线钳、电笔、万用表等
4	连接导线	自定	若干	

二、相关知识

（一）定时器（T）

PLC的定时器（T）相当于继电控制系统中的通电延时型的时间继电器，它可以提供无限对常开或常闭延时触点。定时器中有一个设定值寄存器（一个字长）、一个当前值寄存器（一个字长）和一个用来存储其输出触点的映像寄存器（一个二进制位），这三个量使用同一地址编号，但使用场合不一样，意义也不同。

例如 FX2N 系列 PLC 的定时器可分为通用定时器、积累定时器，它们是通过对一定周期的时钟脉冲进行累计而实现计时的。时钟脉冲的周期有 1 ms、10 ms、100 ms 三种。当所计数达到设定值时触点动作。设定值可用常数 K（十进制），也可以用数据寄存器 D 的内容来设置。

PLC 存储器内存储的数据是用二进制数表示的。当用十进制常数 K 表示定时器的设定值时，十进制常数 K 自动变换成二进制数存放在存储器中。对 16 位的存储器，对应的十进制数最大值为 32767。

（二）通用定时器

通用定时器的特点是不具备断电保持的功能，即当输入电路断开或停电时定时器复位。通用定时器有 100 ms 和 10 ms 两种类型。

（1）100 ms 通用定时器。这类定时器是对 100 ms 时钟累积计数，设定值为 K1～K32767，所以其定时范围为 0.1～3276.7 s。

（2）10 ms 通用定时器。这类定时器是对 10 ms 时钟累积计数，设定值为 K1～K32767，所以其定时范围为 0.01～327.67 s。

案例 1：通电延时定时器的工作原理，在图 3-3-2 中，当输入 X_1 接通时，定时器 T200 线圈得电，T200 从 0 开始对 10 ms 时钟脉冲进行累积计数，当计数值与设定值 K150 相等时，即经过的时间为 0.01 s × 150=1.5 s，定时器 T200 常开触点接通，驱动输出继电器 Y_0 为 ON。当 X_1 断开后定时器复位，计数值变为 0，其常开触点断开，Y_0 也随之为 OFF。若外部电源断电，定时器也将复位。

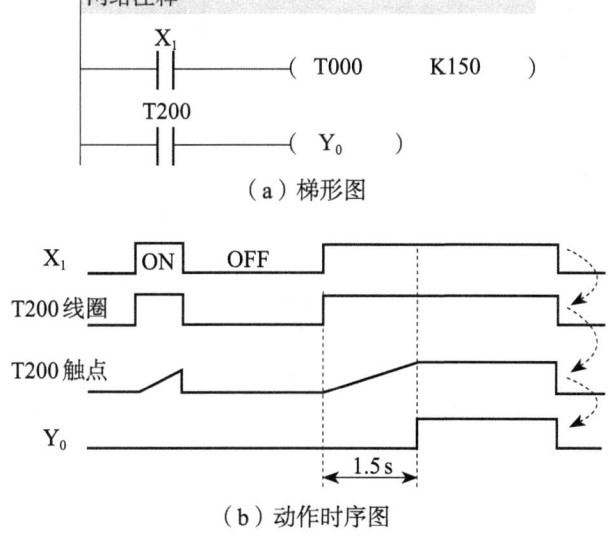

图 3-3-2　案例 1 中通用定时器的工作原理

案例 2：断电延时定时器的工作原理，在图 3-3-3 中，T_8 为断电延时定时器，接通 X_{11}，Y_2 得电；断开 X_{11}，定时器 T_8 线圈得电，延时 15 s，T_8 常闭断开，Y_2 失电。

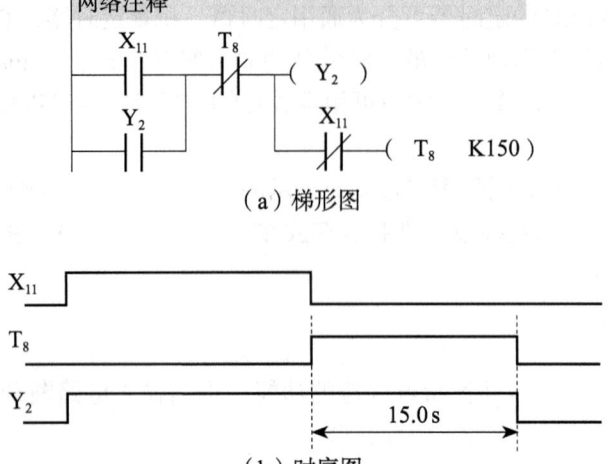

图 3-3-3　案例 2 中断电延时定时器的工作原理

案例 3：数据寄存器 D 可作为定时器的设定值，如图 3-3-4 所示。图中 MOV 为数据传送功能指令。当 X_{10} 闭合，将十进制数 K1000 送到数据寄存器 D_0 中，D_0 的当前值为 100 s，作为定时器 T_0 的设定值。

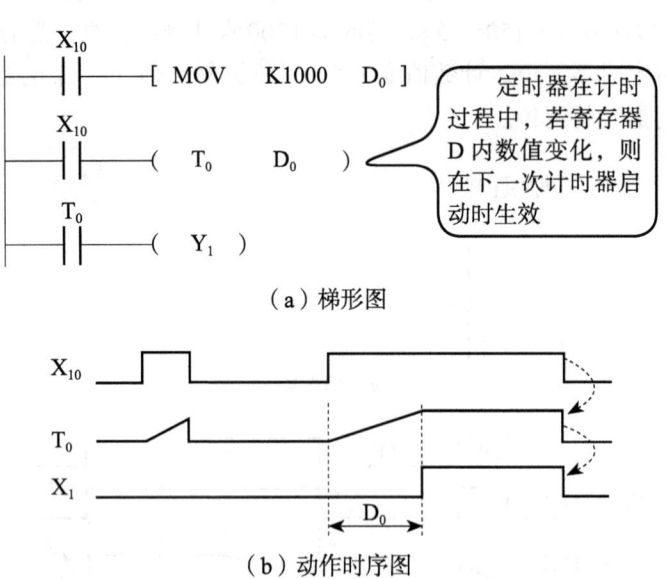

图 3-3-4　案例 3 中寄存器 D 作定时器设定值的工作原理

三、技能实训

(一) 提出任务

参照图 3-3-1 所示电路图,用 PLC 对三相异步电动机星-三角降压启动控制线路进行改造,改造的控制要求如下:

(1) 保留已有的主电路部分,将控制电路改造成由 PLC 控制。
(2) 按下 SB_2 按钮,电动机 Y 形连接启动并运行。
(3) 当当前时间等于时间继电器的设定时间时,电动机自动从 Y 形连接切换成△形连接运行。
(4) 按下 SB_1 按钮,电动机立即停止运行。
(5) 电动机 Y 接和△接要有互锁功能,有短路、过载保护功能。

(二) 实训过程

1. 分配 PLC 的 I/O 点

根据改造的控制要求,需要用到 PLC 的 3 个输入点和 3 个输出点,则可以选择汇川 H0U-0808MR-XP 型或 H1U-0806MR-XP 型的 PLC、三菱 FX1N-14MR 型或 FX2N-16MR 型的 PLC、西门子 S7-200/CPU221/AC/DC/RLY 型或 S7-1200/CPU1211C/AC/DC/RLY 型的 PLC 为宜,以上型号的 PLC 均可满足控制要求。其 I/O 点分配见表 3-3-2(以三菱 FX2N-16MR 型 PLC 为例)。

表 3-3-2 三菱 FX2N-16MR 型 PLC 的 I/O 分配表

输入(I)		输出(O)	
外接元件	输入继电器地址	外接元件	输出继电器地址
热继电器 FR	X_0	接触器 KM	Y_0
停止按钮 SB_1	X_1	Y 形接触器 KM_1	Y_1
启动按钮 SB_2	X_2	△形接触器 KM_2	Y_2

2. 绘制 PLC 的电气原理图

根据改造控制要求,绘制 PLC 控制线路的电气原理图,如图 3-3-5 所示(以三菱 FX2N-16MR 型 PLC 为例)。

3. 编写 PLC 程序

根据改造的控制要求,编写 PLC 程序的梯形图如图 3-3-6 所示,接触器互锁功能、过载保护功能均体现在程序里面,功能改动方便灵活。

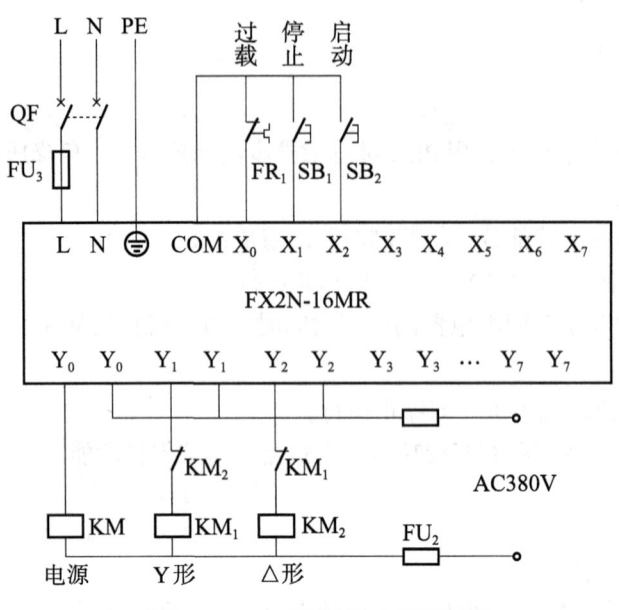

图 3-3-5 PLC 控制的电气原理图

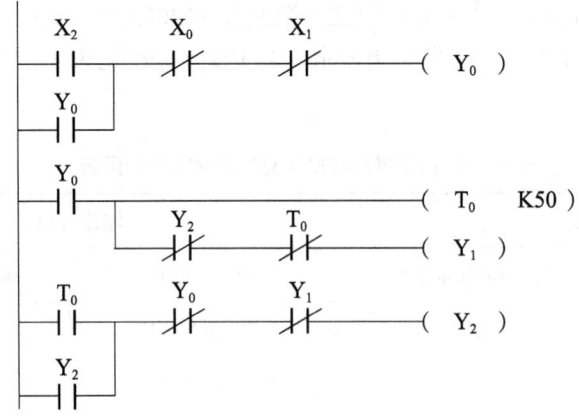

图 3-3-6 梯形图

4. 接线并通电调试

安装调试注意事项：接线前检查元器件的好坏，依据电气线路安装规范进行接线；下载程序时，根据程序的实际步数设置下载步数，可缩短下载时间；通电调试前先用万用表电阻挡静态测量电源端，确保无短路方可通电调试运行。

【任务评价】

任务的评分标准参照表 3-3-3。

表 3-3-3　评分标准

序号	项目	配分	评分标准	扣分	得分
1	PLC选型及输入输出点分配	20分	（1）正确选择PLC型号，型号中未体现PLC品牌、点数、类型的扣5分； （2）正确分配I/O点，每少分配一个输入点或输出点扣3分，分配不合理每处扣2分		
2	绘制电气原理图及接线	40分	（1）正确画出电气原理图，不符合电气制图规范每错1处扣2分，未画或未标明输入电源扣3分，最多扣10分； （2）正确连接PLC接线，接线错误每处扣2分，接线不规范每处扣1分，最多扣10分； （3）正确标注PLC的I/O口线号，未标号每处扣2分，标号错误每处扣1分，最多扣10分		
3	程序编写及系统调试	30分	（1）按下SB$_2$启动按钮，PLC没有输出信号扣6分，PLC有输出信号但接触器未工作扣4分，PLC有输出信号且接触器已工作但电动机未启动扣2分，电动机能Y形启动但不能自锁扣2分，以上所有都不正确扣6分； （2）定时器设定时间到，PLC没有输出信号扣6分，PLC有输出信号但接触器未工作扣4分，PLC有输出信号且接触器已工作但电动机未启动扣2分，电动机能切换成△形但不能自锁扣2分，以上所有都不正确扣6分； （3）不能实现电动机Y形和△形切换扣10分； （4）按下SB$_1$停止按钮，电动机不能停止扣4分，能停止但松开SB$_1$按钮，电动机仍运转扣2分； （5）Y形和△形没有互锁功能扣4分； （6）没有过载保护功能，扣2分		
4	安全文明生产	10分	（1）违反安全操作规程，扣3分； （2）操作现场工具、器具、仪表、材料摆放不整齐，扣2分； （3）劳动保护用品佩戴不符合要求，扣2分		
5	超时扣分		若未在规定时间（1小时）内完成，经教师同意，可适当延时，每超时5分钟，扣2分，以此类推		
说明：以上各项扣分最多不超过该项所配分值				成绩	
开始时间			结束时间	实际时间	

【课后习题】

一、填空题

1. 某PLC的型号为FX2N-16 MR，则该PLC有（　　　）个输入点和（　　　）个输出点。

2. 当定时器累积计数与该设定值（　　　）时，定时器的等效线圈（　　　），相应触点立即（　　　）。

3. 当某定时器的时钟脉冲为100 ms的定时器，其设定值为K100，则当其定时器的线圈有效时，延时时间到（　　　）秒时，其相应的常开触点（　　　），常闭触点（　　　）。

4. 一个字节是8位，一个字长是（　　　）位。

二、判断题

1. 定时器的设定值只能用十进制常数K来设定。（　　　）

2. 当某定时器的时钟脉冲为10 ms的定时器，其设定值为K1000，则当其定时器的线圈有效时，时间到10 s时，其相应触点立即动作。（　　　）

三、综合题

试用西门子S7-1200型PLC对本任务进行改造控制，画出I/O接线图，编写控制程序。

任务四　PLC控制两台三相异步电动机实现顺序启动逆序停止控制线路改造

【任务目标】

1. 知识目标

（1）掌握两台电动机顺序启动逆序停止控制线路的工作原理。

（2）理解顺序启动逆序停止多台电动机的PLC编程思路。

（3）理解PLC外部输入器件触点与内部软元件触点的对应关系。

（4）掌握PLC控制两台电动机顺序启动逆序停止的程序设计。

2. 能力目标

（1）能根据控制要求正确选择PLC型号。

（2）依据电气制图规范能够正确绘制PLC的电气I/O接线图。

（3）进一步熟练PLC编程软件的使用。

（4）能根据改造要求安装调试PLC控制系统。

3. 思政素养目标

（1）培养学生安全文明的职业素养。

（2）弘扬爱岗敬业、精益求精的工匠精神。

（3）树立严谨的学习态度，培养改革创新的发展思维。

【任务描述】

如图3-4-1所示，试用PLC对两台电动机顺序启动逆序停止控制线路进行改造，要求保留主电路部分，改造后要维持原本有的控制功能，设计PLC程序，并进行安装调试运行。

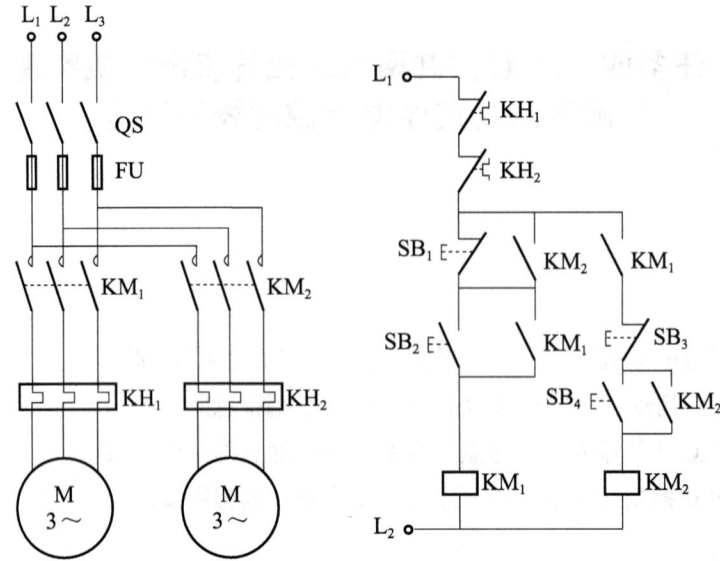

图 3-4-1 两台电动机顺序启动逆序停止控制线路

【任务实施】

一、任务准备

任务准备清单参照表 3-4-1。

表 3-4-1 工具、仪表及器材

序号	名称	规格	数量	备注
1	可编程控制器实训设备	自定	1套	含PLC、按钮、接触器、熔断器、电动机等电器
2	计算机	自定	1台	含PLC编程软件以及下载通信线
3	常用电工工具及仪表	自定	若干	螺丝刀、尖嘴钳、剥线钳、电笔、万用表等
4	连接导线	自定	若干	

二、相关知识

（一）电动机的顺序控制

在装有多台电动机的生产机械上，各电动机所起的作用是不同的，有时需按一定的顺序启动或停止，才能保证操作过程的合理和工作的安全可靠。如图 3-4-1 所示的两台电动机顺序启动逆序停止的电力拖动控制线路中，只有先启动电动机 M1 后，才能启动电动机 M2；而停止时，只有先停止电动机 M2 后，才能停止电动机 M1。

某皮带运输机由 M1、M2、M3 三台电动机拖动，要求启动时，按 M1—M2—M3 顺序间隔 3 秒自动启动；停止时，按 M3—M2—M1 逆序间隔 3 秒自动停止。用 PLC 实现该控制要求的梯形图，如图 3-4-2 所示。

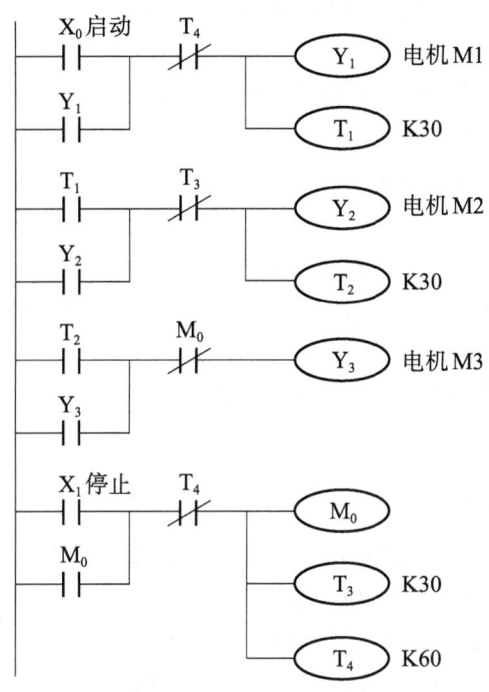

图 3-4-2　PLC 顺序启动逆序停止三台电动机的梯形图

（二）PLC 外部输入器件触点与内部软元件触点的对应关系

当 PLC 外接输入器件的常闭触点时，其对应内部软元件的常闭触点在程序初始化运行时是断开的，而其对应内部软元件的常开触点在程序初始化运行时是闭合的。如图 3-4-3 所示，当 PLC 上电初始化运行程序时，输出点 Y_1 接通，则灯 L_1 亮；而输出点 Y_2 不接通，则灯 L_2 不亮。当按下 SB_1 按钮不松开，则 Y_1 不接通，故灯 L_1 灭；而 Y_2 接通，故灯 L_2 亮。在编写 PLC 程序时应注意这些对应的逻辑关系。

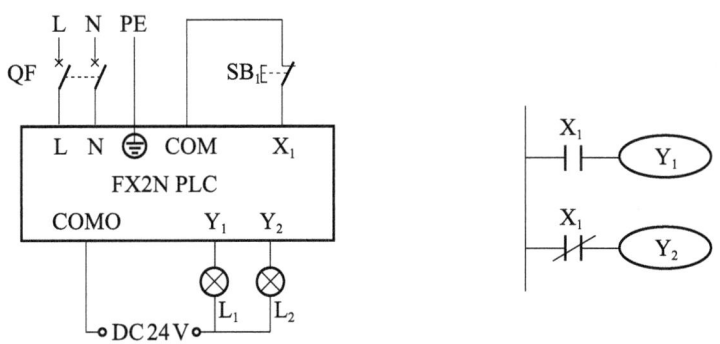

图 3-4-3　PLC 外部输入器件触点与内部软元件触点的关系

三、技能实训

（一）提出任务

参照图 3-4-1 所示电路图，用 PLC 对两台电动机顺序启动逆序停止控制线路进行改造，改造的控制要求如下：

（1）保留已有的主电路部分，将控制电路改造成由 PLC 控制。

（2）按下 SB_2 按钮，电动机 M1 启动并持续运行；之后，按下 SB_4 按钮，电动机 M2 才能启动并持续运行；如果电动机 M1 不处于启动运行状态，即使按下 SB_4，电动机 M2 也不会启动。

（3）两台电动机正常运行时，按下 SB_3 按钮，电动机 M2 断电停止运行；之后，按下 SB_1 按钮，电动机 M1 才能断电停止运行；如果电动机 M2 未先停止，即使按下 SB_1，电动机 M1 也无法停止。

（4）控制系统要有短路保护、过载保护功能。

（二）实训过程

1. 分配 PLC 的 I/O 点

根据控制要求，需要用到 PLC 的 6 个输入点和 2 个输出点，则可以选择汇川 H0U-0808MR-XP 型或 H1U-0806MR-XP 型的 PLC、三菱 FX1N-14MR 型或 FX2N-16MR 型的 PLC、西门子 S7-200/CPU222/AC/DC/RLY 型或 S7-1200/CPU1212C/AC/DC/RLY 型的 PLC，以上几种型号的 PLC 均可满足控制要求。其 I/O 点分配见表 3-4-2（以三菱 FX2N-16MR 型 PLC 为例）。

表 3-4-2　三菱 FX2N-16MR 型 PLC 的 I/O 分配表

输入（I）		输出（O）	
外接元件	输入继电器地址	外接元件	输出继电器地址
M1 停止按钮 SB_1	X_1	接触器 KM_1	Y_1
M1 启动按钮 SB_2	X_2	接触器 KM_2	Y_2
M2 停止按钮 SB_3	X_3		
M2 启动按钮 SB_4	X_4		
热继电器 KH_1	X_5		
热继电器 KH_2	X_6		

2. 绘制PLC的电气原理图

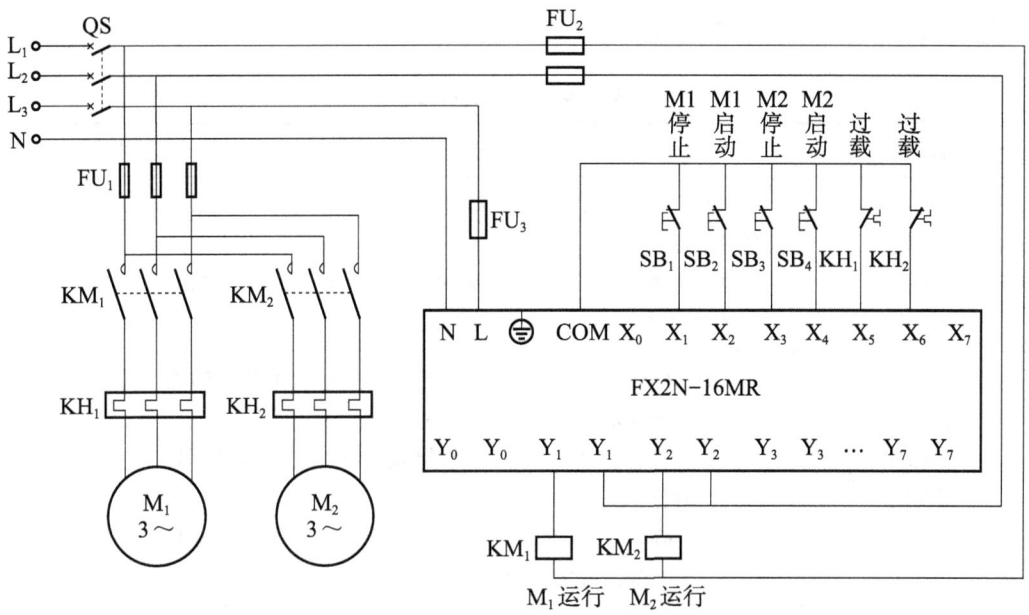

图 3-4-4　PLC控制的电气原理图

根据改造的控制要求，绘制PLC控制线路的电气原理图，如图3-4-4所示（以三菱FX2N-16MR型PLC为例）。相比继电器控制线路，PLC控制线路接线更少、运行更稳定。

3. 编写PLC程序

根据改造的控制要求，编写PLC程序的梯形图，如图3-4-5所示，顺序启动逆序停止功能、过载保护功能均体现在程序里面，功能改动方便灵活。

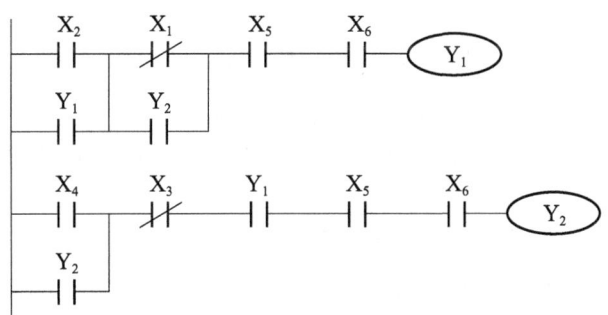

图 3-4-5　PLC程序梯形图

4. 接线并通电调试

安装调试注意事项：接线前检查元器件的好坏，依据电气线路安装规范进行接线；若PLC外接的热继电器是常闭触点，则对应的PLC程序软元件应用常开触点，反之用常闭触点；下载程序时，根据程序的实际步数设置下载步数，可缩短下载时间；通电调试前先用万用表电阻挡静态测量电源端，确保无短路后才可通电调试运行。

【任务评价】

任务的评分标准参照表3-4-3。

表3-4-3 评分标准

序号	项目	配分	评分标准	扣分	得分
1	PLC选型及输入输出点分配	20分	（1）正确选择PLC型号，型号中未体现PLC品牌、点数、类型的扣5分； （2）正确分配I/O点，每少分配一个输入点或输出点扣3分，分配不合理每处扣2分		
2	绘制电气原理图及接线	40分	（1）正确画出电气原理图，不符合电气制图规范每错1处扣2分，未画或未标明输入电源扣3分，最多扣10分； （2）正确连接PLC接线，接线错误每处扣2分，接线不规范每处扣1分，最多扣10分； （3）正确标注PLC的I/O口线号，未标号每处扣2分，标号错误每处扣1分，最多扣10分		
3	程序编写及系统调试	30分	（1）按下SB_2按钮，电动机M1未启动扣6分，松开SB_2，电动机M1不能持续运行扣4分；按下SB_4按钮，电动机M2未启动扣6分，松开SB_4，电动机M2不能持续运行扣4分； （2）按下SB_3按钮，电动机M2不能停止扣4分；按下SB_1按钮，电动机M1不能停止扣4分； （3）没有按先启动M1后才能启动M2的顺序启动功能扣5分； （4）没有按先停止M2后才能停止M1的逆序停止功能扣5分； （5）没有短路和过载保护功能，各扣2分		
4	安全文明生产	10分	（1）违反安全操作规程，扣3分； （2）操作现场工具、器具、仪表、材料摆放不整齐，扣2分； （3）劳动保护用品佩戴不符合要求，扣2分		
5	超时扣分		若未在规定时间（1小时）内完成，经教师同意，可适当延时，每超时5分钟，扣2分，以此类推		
说明：以上各项扣分最多不超过该项所配分值				成绩	
开始时间			结束时间	实际时间	

【课后习题】

一、填空题

1. 西门子 S7-200/CPU222/AC/DC/RLY 型 PLC 主模块集成有（　　　　）个数字量输入和（　　　　）个数字量输出。
2. 西门子 S7-1200/CPU1212 C/DC/DC/DC 型的 PLC 主模块集成有（　　　　）个数字量输入、（　　　　）个数字量输出和（　　　　）个模拟量输入。
3. 可编程控制器的系统程序中，用来诊断机器故障的程序是（　　　　）。
4. 用户程序存储器包括程序区和数据区，其中数据区用来存放（　　　　）。
5. 三菱 FX 系列 PLC 初始化脉冲特殊辅助继电器是（　　　　），而西门子 S7-200 系列 PLC 初始化脉冲特殊辅助继电器是（　　　　）。

二、判断题

1. 三菱 GX Developer PLC 编程软件的功能十分强大，集成了项目管理、程序键入、模拟仿真、程序调试、编译链接、异地读写等功能。（　　）
2. 双线圈错误是当指令线圈两次或两次以上使用时，会发生同一线圈接通和断开的矛盾。（　　）
3. 中型 PLC 的 I/O 点数一般在 256～2048 点之间。（　　）
4. 可编程控制器信号采集功能有模拟信号、数字信号、脉冲信号的采集。（　　）
5. 可编程控制器的输出端可直接驱动大容量电磁铁、电磁阀、电动机等大负载。（　　）

三、综合题

试用西门子 S7-1200 型 PLC 对本任务进行改造控制，画出 I/O 接线图，编写控制程序。

模块四 基本电子电路装调维修技能

任务一 W7812三端稳压电路的焊接与调试

【任务目标】

1. 知识目标

（1）了解二极管特性及其极性的判别方法。
（2）了解三端集成稳压器的外形、封装及管脚。
（3）掌握三端固定式集成稳压器W7812的主要性能指标。
（4）了解三端稳压器典型应用电路的组成及工作原理。

2. 能力目标

（1）掌握二极管和三端稳压器的检测技能。
（2）学会使用示波器。
（3）掌握电烙铁的焊接技能。
（4）掌握W7812三端固定式集成稳压电源电路的装配与调试技能。

3. 思政素养目标

（1）培养学生安全文明生产的职业素养。
（2）弘扬爱岗敬业、精益求精的工匠精神。
（3）增强学生的节约环保意识。

【任务描述】

如图4-1-1所示的电子电路，是由整流二极管、W7812稳压器等构成的整流滤波三端稳压电路。按照电路图及电子焊接工艺要求，试完成W7812稳压电路的安装与调试。

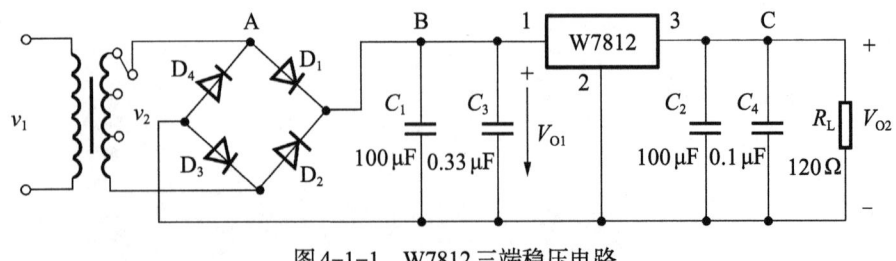

图4-1-1 W7812三端稳压电路

【任务实施】

一、任务准备

任务准备清单参照表4-1-1。

表4-1-1 工具、仪表及器材

序号	名称	规格	数量	备注
1	可调变压器	9 V、12 V、14 V	1个	
2	单相电源	220 V	1处	
3	电阻R_L	1/4 W，120 Ω	1只	
4	整流二极管	IN4007	4只	
5	三端稳压器	W7812	1只	
6	电容C_3	0.33 μF	1只	
7	电容C_1，C_2	100 μF，25 V	2只	
8	电容C_4	0.1 μF	1只	
9	多股细铜线	AVR——0.1 mm²	1米	
10	万能板	2×70×100（或2×150×200）	1块	
11	焊锡	自定	若干	
12	电烙铁	自定	1把	
13	尖嘴钳	自定	1把	
14	万用表	自定	1个	
15	示波器	SR24或其他自定	1台	

二、相关知识

（一）二极管及其极性判别

二极管是用半导体材料（硅、锗、硒等）制成PN结，加上相应的电极引线及管壳封装而成的一种半导体电子器件，其结构、符号及外观如图4-1-2所示。二极管具有单向导电性，即电流只能从其正极流向负极。二极管的种类很多，有整流二极管、开关二极管、发光二极管、光敏二极管、稳压二极管等。

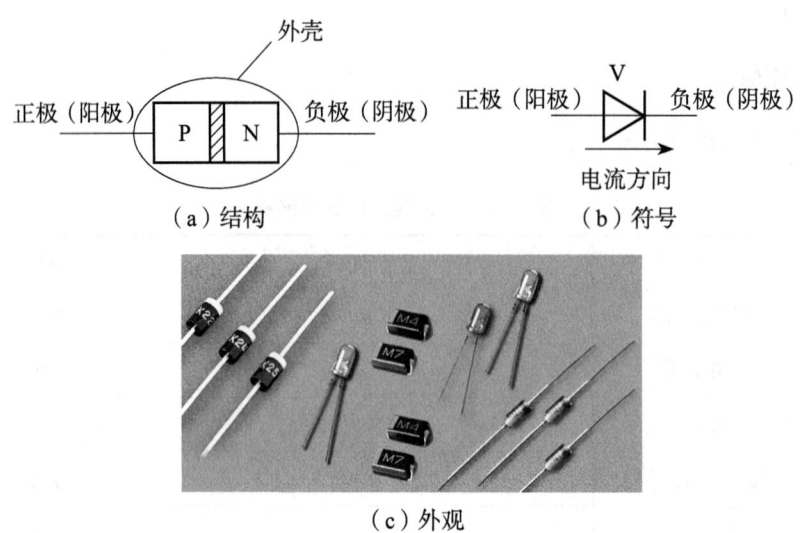

图 4-1-2 二极管的结构、符号及外观

二极管的伏安特性如图 4-1-3 所示，硅管的死区电压约为 0.5 V，锗管的死区电压约为 0.1 V，即在该死区电压内二极管不导通。硅管的正向导通电压约为 0.7 V，锗管的正向导通电压约为 0.3 V，二极管正向导通时，电流随电压增大而迅速上升。当二极管外加反向电压不超过一定范围时，通过二极管的反向电流（又称饱和电流或漏电流）极小，二极管处于截止状态；当外加电压超过一定数值 U_{BR}（反向击穿电压）时，反向电流突然增大，此时二极管被击穿、损坏。

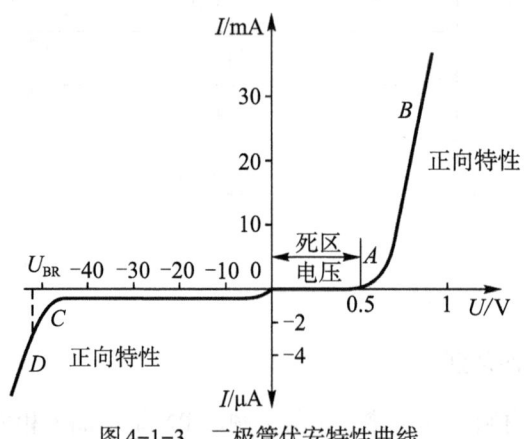

图 4-1-3 二极管伏安特性曲线

二极管的极性判别：方法一是通过观察外壳的外观特征来判断正负电极，如图 4-1-4 所示。方法二是用指针式万用表的电阻挡（$R×10$ 或 $R×100$）来判别，检测时用两表笔轮换接触二极管的两管脚，当指针偏转时黑表笔所接的为正极，红表笔所接的为负极。

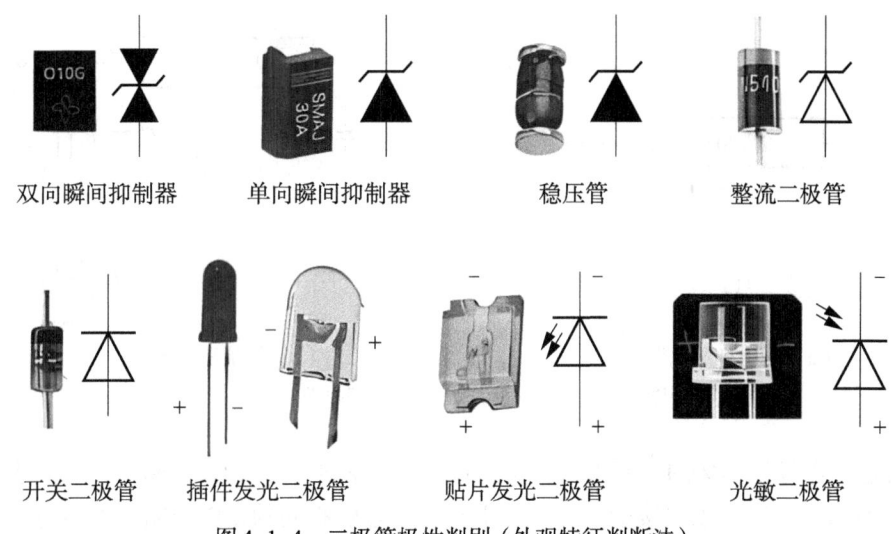

图 4-1-4　二极管极性判别（外观特征判断法）

（二）三端固定式集成稳压器 W7812

三端集成稳压器按输出电压可分为固定式和可调式，三端固定式集成稳压器又分为 W78×× 系列（正电压输出）和 W79×× 系列（负电压输出）两类，其 78 或 79 后面的数字 ×× 表示输出电压的数值，其输出电压值有 5 V、6 V、9 V、12 V、15 V、18 V、24 V 七个档次，输出电流最大可达 1.5 A，而 W78L×× 系列的输出电流最大为 0.1 A，W78M×× 系列的输出电流最大为 0.5 A。三端固定式集成稳压管 W78×× 系列的外观、管脚号及图形符号如图 4-1-5 所示。

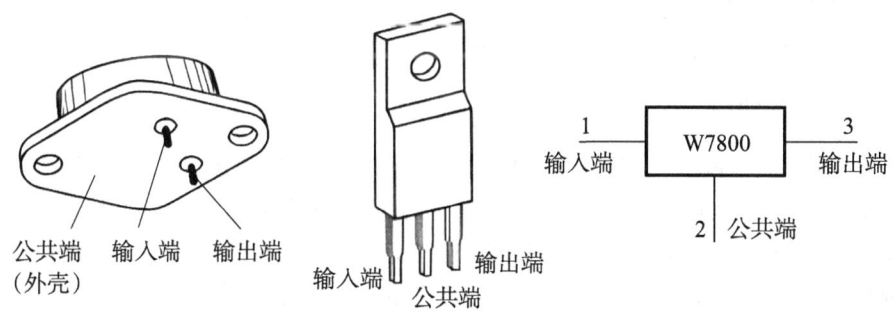

图 4-1-5　W7800 系列稳压管的外观、管脚及符号

三端稳压器典型应用电路如图 4-1-6 所示，其中 a 图为恒压稳压电路，固定输出恒定的直流电压 U_o=5 V；b 图为恒流稳压电路，输出恒定的直流电流 $I_o=V_{xx}/R_o+I_2$。

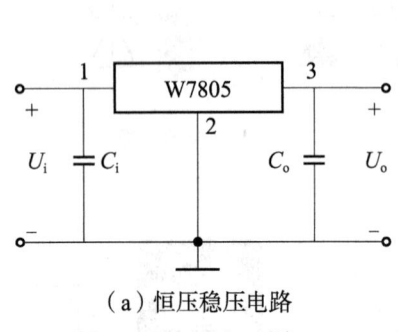 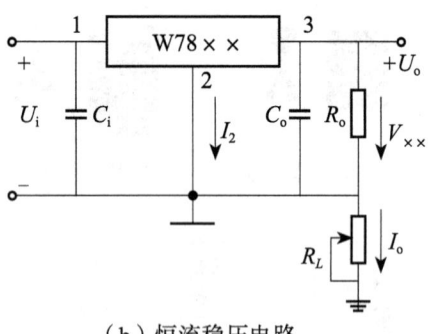

（a）恒压稳压电路　　　　　　　　（b）恒流稳压电路

图 4-1-6　三端稳压器典型应用电路

三端稳压器是否损坏的判断方法：将指针式万用表转至 $R×1K$ 电阻挡，将黑表笔接至稳压器的地端，红表笔依次接触另外两个引脚，测量引脚间的正向电阻，然后将红表笔接地端，黑表笔依次接触另外两个引脚，测量引脚间的反向电阻。如果测出引脚间正向电阻值为一固定值，而反向电阻值为无穷大，则三端稳压器正常。如果测得某两脚之间的正、反向电阻值均很小或接近零，则可判断三端稳压器内部已损坏。如果测得某两脚之间的正、反向电阻值均为无穷大，则说明三端稳压器已开路损坏。如果测得的电阻值不稳定，随温度的变化而变化，则说明该三端稳压器的热稳定性能不好。

（三）工作原理

图 4-1-1 中的电路是用三端稳压器 W7812 构成的单电源电压输出串联型稳压电源。经变压器降为低压后，由四个二极管 $D_1～D_4$（IN4007）构成桥式整流电路，电容 C_1、C_2 一般取几百至几千微法，组成滤波电路。电容 C_3 的作用是抵消线路的电感效应，防止产生自激振荡。输出端电容 C_4 用于消除输出端的高频信号，改善电路的暂态响应。

（四）示波器的使用

电子示波器是一种能够直接显示电压（或电流）变化波形的电子仪器。使用示波器不仅可以直观地观察被测电信号随时间变化的全过程，而且还可以显示被测量电压（或电流）的波形和有关参数，以及进行频率和相位比较、特性曲线的描绘等，其用途广泛。示波器主要由示波管、Y 轴偏转系统、X 轴偏转系统、扫描及整步系统、电源五部分组成。XC4320 型双踪示波器的使用方法如下：

1. 测量前的准备工作

（1）显示扫描线：接通电源之前，先按表 4-1-2 设置仪器的开关及控制按钮。

表 4-1-2　各开关及旋钮的位置

开关名称	位置设置	开关名称	位置设置
电源开关	断开	触发源	CH_1
辉度	时钟"3"位置	耦合选择	AC

续表

开关名称	位置设置	开关名称	位置设置
Y轴工作方式	CH_1	电平	锁定（逆时针旋到底）
垂直位移	中间位置，推进去	释抑	常态（逆时针旋到底）
V/Div	10 mV/Div	T/Div	0.5 ms/Div
垂直微调	校准（顺时针旋到底）推入	水平微调	校准（顺时针旋到底）推入
AC-GND-DC	接地GND	水平位移	中间位置

（2）打开电源：调节辉度和聚焦旋钮，使扫描基线清晰。
（3）调节 CH_1 垂直移位：使扫描基线设定在屏幕中间。
（4）校准探头：由探头输入方波校准信号到 CH_1 输入端，将0.5 Vp-p校准信号加到探头上。

2. 测量信号的步骤

（1）将被测信号输入到示波器通道输入端。测量大信号时，将探头衰减开关拨到"×10"位置；测量低频小信号时，将探头衰减开关拨到"×1"位置。
（2）按照被测信号参数的测量方法不同，选择各旋钮的位置，使信号正常显示在荧光屏上，记录测量的读数或波形。
（3）根据读数进行分析、运算、处理，得到测量结果。

三、技能实训

（一）提出任务

依据图4-1-1所示电路，按照电子焊接工艺要求，正确完成W7812稳压电路的安装与调试，并用示波器分别测量点A、B、C的电压后绘制出其电压波形图。

A点电压波形图：

B 点电压波形图：

C 点电压波形图：

（二）实训过程

实训步骤及注意事项：

（1）电路安装前，先用仪器仪表检测元件好坏，并核对其数量和规格；

（2）按照电路图及电子焊接工艺要求，将各元器件在电路板上进行布局、安装与焊接；

（3）通电试运行，测量点 A、B、C 的电压波形。

【任务评价】

任务的评分标准参照表4-1-3。

表4-1-3　评分标准

序号	项目	配分	评分标准	扣分	得分
1	线路板功能	40分	（1）通电测试时电路有冒烟、冒火或元件爆裂情况扣10分； （2）用示波器测得输出电压为12 V（允许误差 ±0.5 V 以内），若不符合以上情况扣10分； （3）示波器的使用，不会使用示波器扣10分，使用操作不熟练扣3分； （4）能正确绘制波形图，幅值错误扣2分，频率错误扣2分，波形不标准扣2分		

续表

序号	项目	配分	评分标准	扣分	得分
2	线路板安装质量	50分	（1）有部分元件未装完、存在大量缺陷、有引脚损坏等严重隐患，扣10分； （2）有元件错装漏装、大部分元件方向不对、有引脚短路等严重隐患，扣10分； （3）存在漏焊、大部分元件虚焊等严重隐患，扣10分； （4）部分元件焊点不规范、线路板面不美观，扣2分； （5）太多元件焊接表面封装损坏、太多元件更换，扣10分； （6）有部分元件损坏、更换，扣3分		
3	安全文明生产	10分	（1）违反安全操作规程，扣3分； （2）操作现场工具、器具、仪表、材料摆放不整齐，扣2分； （3）劳动保护用品佩戴不符合要求，扣2分； （4）损坏工具、仪表，扣1分		
4	超时扣分		若未在规定时间（1小时）内完成，经教师同意，可适当延时，每超时5分钟，扣2分，以此类推		
说明：以上各项扣分最多不超过该项所配分值				成绩	
开始时间			结束时间	实际时间	

【课后习题】

一、填空题

1. 二极管加正向电压时，其正向电流由（　　　）形成。
2. 稳压管W7812、W7905的输出电压分别是（　　　）V、（　　　）V。
3. 稳压管W7812输出最大电流是（　　　）A，而W78M10输出最大电流是（　　　）mA。
4. 示波器中的（　　　）经过偏转板时产生偏移。
5. 单相桥式可控整流电路电阻性负载，晶闸管中的电流平均值是负载的（　　　）倍。

二、判断题

1. 二极管反偏时，在达到门限电压之前，反向电流很小。（　　　）
2. 反馈放大电路由基本放大电路和反馈电路两部分组成。（　　　）
3. 电容的主要作用是充放电和隔直流通交流。（　　　）
4. 使单相半波可控整流电路电感性负载接续流二极管，$\alpha=90^0$时，输出电压U_d为$0.9U_2$。（　　　）
5. 三端稳压器应用电路中输入端接的电容作用是防止自激振荡，输出端接的电容作用是减小高频干扰，改善瞬态特性。（　　　）

三、综合题

1. 根据下列图形符号,写出各种二极管的名称。

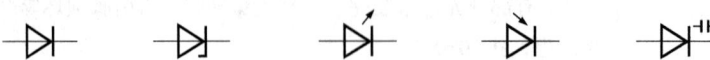

2. 试简述下图所示 W7805 三端稳压电路的工作原理。

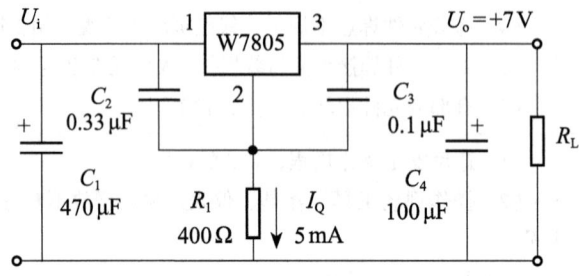

任务二　LM317三端可调稳压电路焊接与调试

【任务目标】

1. **知识目标**

（1）掌握LM317三端可调稳压器的主要性能指标。

（2）了解三端可调稳压器典型应用电路的组成及工作原理。

2. **能力目标**

（1）掌握LM317三端可调稳压器输出电压的可调范围。

（2）掌握LM317三端可调稳压电路的装配与调试技能。

3. **思政素养目标**

（1）培养学生安全文明生产的职业素养。

（2）弘扬爱岗敬业、精益求精的工匠精神。

（3）增强学生的节约环保意识。

【任务描述】

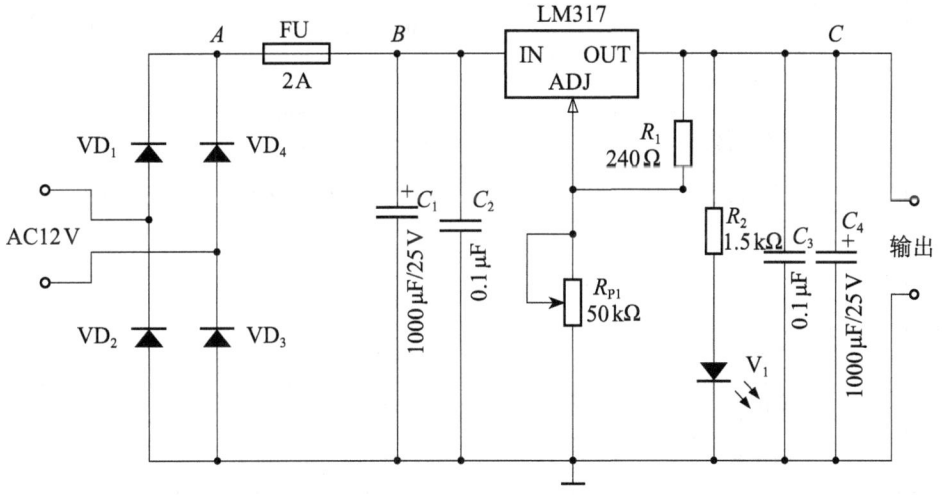

图4-2-1　LM317三端可调稳压电路

如图4-2-1所示的电子电路是由整流二极管、LM317稳压器等构成的整流滤波三端可调稳压电路。按照电路图及电子焊接工艺要求，试完成LM317三端可调稳压电路的安装与调试。

【任务实施】

一、任务准备

任务准备清单参照表4-2-1。

表4-2-1 工具、仪表及器材

序号	名称	规格	数量	备注
1	可调变压器	220 V/12 V,10 VA	1个	
2	单相电源	220 V	1处	
3	熔断器FU	2 A	1个	
4	电位器R_{P1}	1/4 W,50 kΩ	1只	
5	整流二极管	IN4007	4只	
6	三端稳压器	LM317（CW317）	1只	
7	电容C_2,C_3	0.1 μF	2只	
8	电容C_1,C_4	1000 μF,25 V	2只	
9	电阻R_1	1/4 W,240 Ω	1只	
10	电阻R_2	1/4 W,1.5 kΩ	1只	
11	发光二极管V_1	3 V,LED	1只	
12	多股细铜线	AVR——0.1 mm^2	1米	
13	万能板	2×70×100（或2×150×200）	1块	
14	焊锡	自定	若干	
15	电烙铁	自定	1把	
16	尖嘴钳	自定	1把	
17	万用表	自定	1个	
18	示波器	SR24或其他自定	1台	

二、相关知识

（一）三端可调式集成稳压器LM3××

三端可调集成稳压器LM3××是美国国家半导体公司生产的三端稳压器集成电路。三端可调集成稳压器LM3××有LM317和LM337两个系列，其中LM317输出正电压，LM337输出负电压。LM317的输出电压范围是1.2~37 V，负载电流最大为1.5 A，此外它的线性调整率和负载调整率也比标准的固定稳压器好。LM317内置有过载保护、安全区保护等多种保护电路。三端可调式集成稳压管LM317系列的外观、管脚号及文字符号如图4-2-2所示。

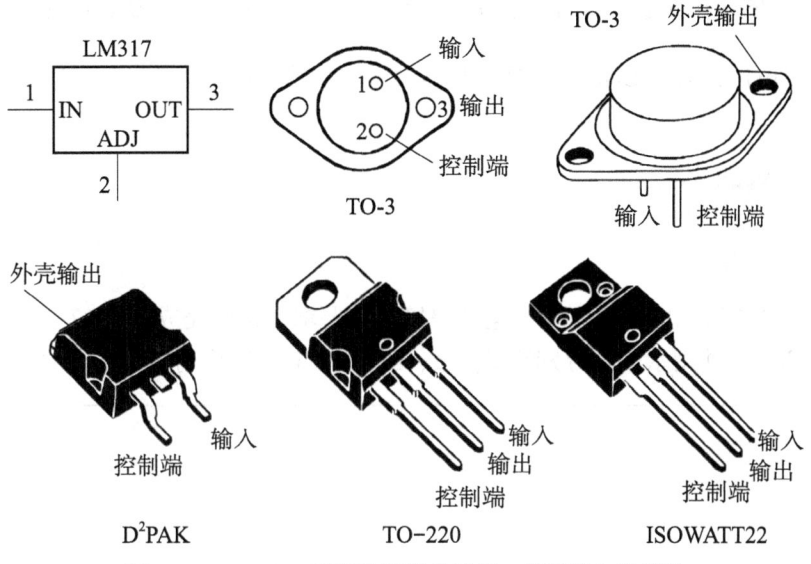

图4-2-2　LM317系列稳压管的外观、管脚及文字符号

（二）三端可调式集成稳压器典型应用电路

三端可调式集成稳压器的使用非常简单，仅需两个外接电阻来设置输出电压。LM317有许多特殊的用法，比如把调整端悬浮到一个较高的电压上，可以用来调节高达数百伏的电压，只要输入输出压差不超过LM317的极限就行，当然还要避免输出端短路。还可以把调整端接到一个可编程电压上，实现可编程的电源输出。三端可调式集成稳压器基本应用电路如图4-2-3所示，其中a图为正电压输出，b图为负电压输出，电路中C_1用于减小输入电压的脉动和防止过电压，C_2用于削弱电路的高频干扰，并具有消振作用。输出电压为$U_L \approx 1.25\left(1+\dfrac{R_2}{R_1}\right)$。

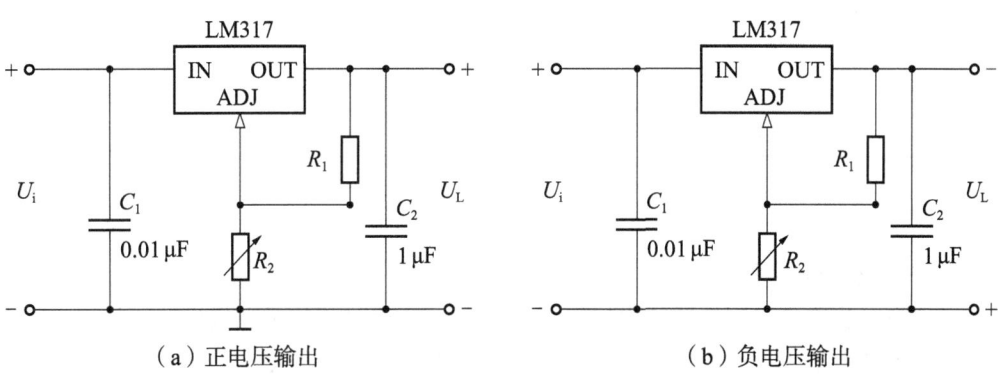

图4-2-3　三端可调式集成稳压器基本应用电路

(三) 工作原理

图 4-2-1 中的电路是由三端可调稳压器 LM317 构成的整流滤波可调稳压电路，由 $VD_1 \sim VD_4$ 构成桥式整流电路，经 C_1 电容滤波后，得到较为平滑的直流电，作为 LM317 的输入，其中 C_2 的作用是防止谐振。由 R_1 和 R_{P1} 构成可调范围，R_2 为限流电阻，V_1 为指示灯，直达输出电压，其中 C_3 的作用是滤除高次谐波。输出电压为 $U_L \approx 1.25\left(1+\dfrac{R_{P1}}{R_1}\right)$。

三、技能实训

(一) 提出任务

依据图 4-2-1 所示电路图，按照电子焊接工艺要求，正确完成 LM317 三端可调稳压电路的安装与调试，并用示波器分别测量点 A、B、C 的电压后绘制出其电压波形图。

A 点电压波形图：

B 点电压波形图：

C 点电压波形图：

(二) 实训过程

实训步骤及注意事项：
(1) 电路安装前，先用仪器仪表检测元件好坏，并核对其数量和规格；
(2) 按照电路图及电子焊接工艺要求，将各元器件在电路板上进行布局、安装与焊接；
(3) 通电试运行，测量输出电压的可调范围，并测量点 A、B、C 的电压波形。

【任务评价】

任务的评分标准参照表4-2-2。

表4-2-2 评分标准

序号	项目	配分	评分标准	扣分	得分
1	线路板功能	40分	（1）通电测试时电路有冒烟、冒火或元件爆裂情况扣10分； （2）用示波器测得输出电压可调整范围为1.2~37 V（允许误差±0.5 V以内），若不符合以上情况扣10分； （3）示波器的使用，不会使用示波器扣10分，使用操作不熟练扣3分； （4）能正确绘制波形图，幅值错误扣2分，频率错误扣2分，波形不标准扣2分		
2	线路板安装质量	50分	（1）有部分元件未装完、存在大量缺陷、有引脚损坏等严重隐患，扣10分； （2）有元件错装漏装、大部分元件方向不对、有引脚短路等严重隐患，扣10分； （3）存在漏焊、大部分元件虚焊等严重隐患，扣10分； （4）部分元件焊点不规范、线路板面不美观，扣2分； （5）太多元件焊接表面封装损坏、太多元件更换，扣10分； （6）有部分元件损坏、更换，扣3分		
3	安全文明生产	10分	（1）违反安全操作规程，扣3分； （2）操作现场工具、器具、仪表、材料摆放不整齐，扣2分； （3）劳动保护用品佩戴不符合要求，扣2分； （4）损坏工具、仪表，扣1分		
4	超时扣分		若未在规定时间（1小时）内完成，经教师同意，可适当延时，每超时5分钟，扣2分，以此类推		
说明：以上各项扣分最多不超过该项所配分值				成绩	
开始时间			结束时间	实际时间	

【课后习题】

一、填空题

1. 三端可调集成稳压器的三个引出端分别是（　　　）、（　　　）和（　　　）。

2. LM317输出为（　　　），输出范围为（　　　）V至（　　　）V。
3. LM337输出为（　　　），输出范围为（　　　）V至（　　　）V。
4. 三端集成稳压器最大输入电压是指稳压器正常工作时允许输入的（　　　）。
5. 三端集成稳压器的电压偏差范围一般为（　　　）。
6. 三端集成稳压器的最小输入输出压差是指能保证稳压器正常工作所要求的（　　　）与（　　　）的（　　　）。

二、判断题
1. 不同型号、不同封装三端集成稳压器三个引脚的功能一样。（　　　）
2. 三端集成稳压器分为输出电压固定式和可调式两种。（　　　）
3. 二极管加正向电压时，其正向电流是由多数载流子扩散形成的。（　　　）
4. 三端可调集成稳压电路分为正电压和负电压输出两大类。（　　　）

三、综合题
简述下图的工作原理，并计算出输出电压可调范围。

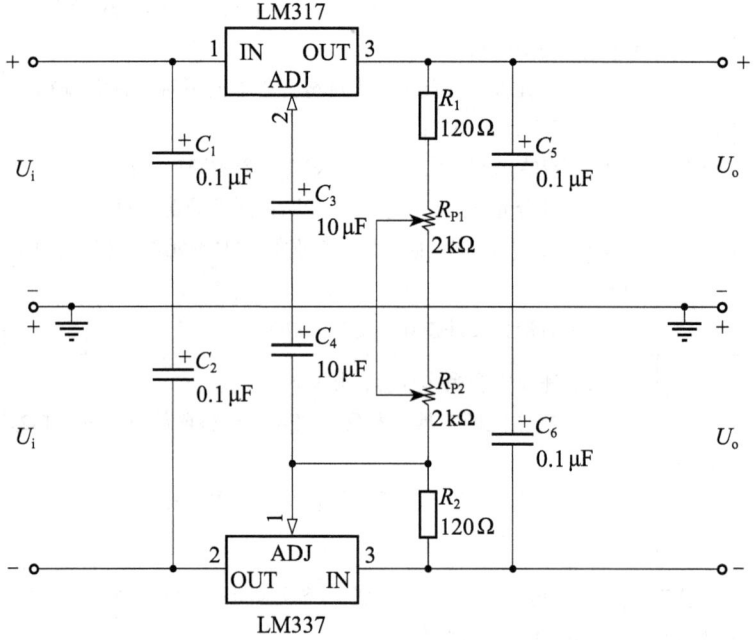

任务三　晶闸管调光电路焊接与调试

【任务目标】

1. **知识目标**

（1）了解晶闸管、单结晶体管的特性，掌握其工作原理及检测方法。

（2）掌握晶闸管调光电路的组成及其工作原理。

2. **能力目标**

（1）能正确焊接和调试晶闸管调光电路。

（2）学会故障分析方法，培养理论联系实际的能力。

3. **思政素养目标**

（1）培养学生正确的工作方法和严谨的态度。

（2）弘扬爱岗敬业、精益求精的工匠精神，增强节约环保意识。

【任务描述】

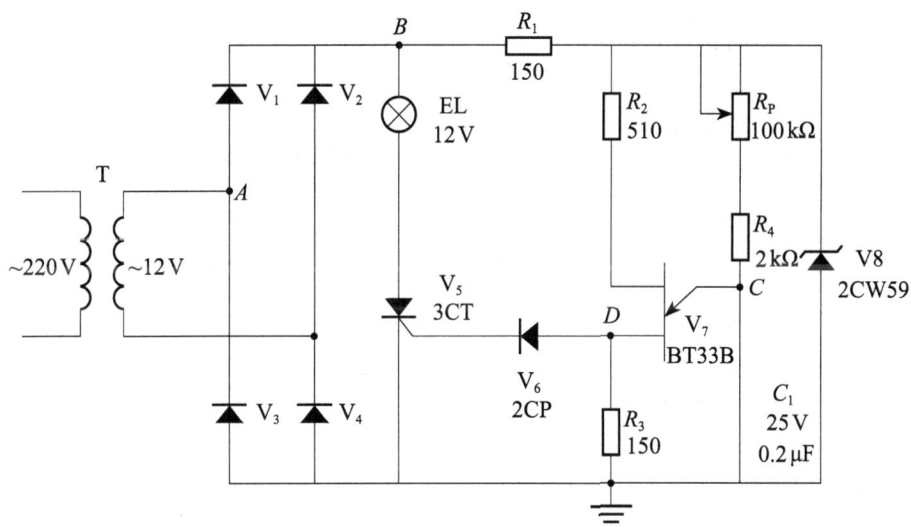

图 4-3-1　晶闸管调光电路

如图 4-3-1 所示的电子电路，是由整流二极管、晶闸管、单结晶体管等构成的晶闸管调光电路。按照电路图及电子焊接工艺要求，试完成晶闸管调光电路的安装与调试。

【任务实施】

一、任务准备

任务准备清单参照表4-3-1。

表4-3-1 工具、仪表及器材

序号	名称	规格	单位	数量
1	变压器	220 V/12 V,10 VA	个	1
2	二极管V_1,V_2,V_3,V_4	2CZ83E	只	4
3	灯泡	12 V/1 W	只	1
4	晶闸管V_5	3 CT,400 V,1 A	只	1
5	二极管V_6	2 CP	只	1
6	电阻R_1,R_2,R_3,R_4	1/4 W,150 Ω,510 Ω,150 Ω,2 kΩ	只	各1
7	单结晶体管V_7	BT33 B	只	1
8	电位器R_P	1/4 W,100 kΩ	只	1
9	稳压管V_8	2CW59,10 V	只	1
10	电容C_1	25 V,0.2 μF	只	1
11	电工工具	(电烙铁、尖嘴钳)自定	把	各1
12	电工仪表	(万用表、示波器)自定	个	各1
13	万能板	2×70×100(或2×150×200)	块	1
14	焊锡	自定	米	若干
15	多股细铜线	AVR——0.1 mm²	米	1

二、相关知识

（一）晶闸管及其管脚判别

1. 认识晶闸管

晶闸管是晶体闸流管的简称，又称可控硅整流管，俗称可控硅（SCR），是一种用硅材料制成的大功率半导体器件，晶闸管的导通和关断都需要具备一定的条件。晶闸管外部有三个电极，内部是由P-N-P-N四层半导体构成，最外层的P层和N层分别称为阳极A和阴极K，中间的P层引出门极（控制极）G，内部有三个PN结，晶闸管结构、符号和常见外形如图4-3-2所示。

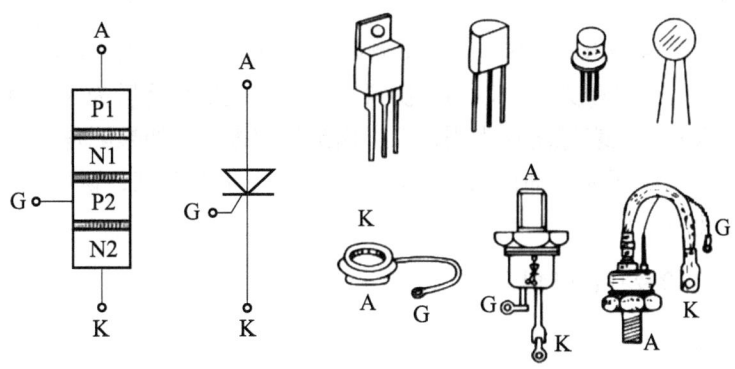

图 4-3-2 晶闸管结构、符号和常见外形

2. 晶闸管导通和关断条件

（1）导通条件：以下两个条件同时满足，晶闸管导通。

①阳极和阴极间加正向电压。

②门极与阴极间加正向电压（这个电压称为触发电压）。

（2）关断条件：具备以下其中一个条件可使导通的晶闸管关断。

①将阳极与阴极之间的电压减小为零。

②在阳极与阴极之间加反向电压。

③降低阳极与阴极之间的正向电压，使通过晶闸管的正向电流小于维持电流 I_H。

3. 晶闸管的型号

晶闸管 3CT 系列型号含义如图 4-3-3 所示，例如 3CT8S 表示额定电流 8 A 的双向可控硅晶闸管。

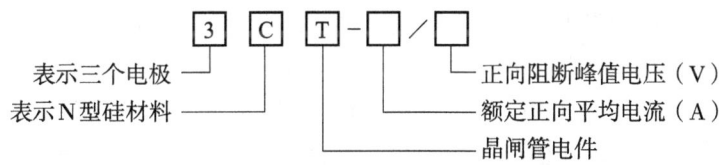

图 4-3-3 晶闸管 3CT 系列型号含义

晶闸管 KP 系列型号含义如图 4-3-4 所示，例如 KP20A1200V 表示额定电流 20 A、额定电压 1200 V 的可控硅晶闸管。

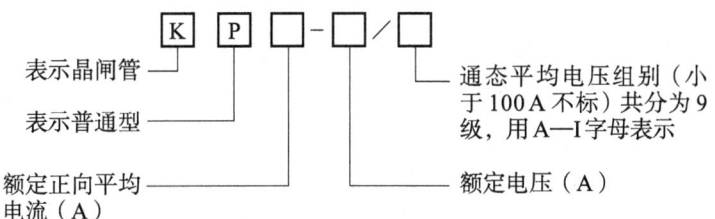

图 4-3-4 晶闸管 KP 系列型号含义

4. 晶闸管测试

将万用表置 R×1k 或 R×100 挡，任意测两管脚阻值，交换表笔再测，直到找到正反向阻值一大一小的两个电极为止。以当前测得小阻值，交换表笔后为大阻值为基准，此时黑表笔所接为门极 G，红表笔所接为阴极 K，剩余为阳极 A。如果测得阳极和门极、阳极和阴极间正、反向电阻很大，而门极与阴极正、反向电阻有差别，说明晶闸管质量良好，否则晶闸管不能使用。

（二）单结晶体管及其管脚判别

1. 认识单结晶体管

单结晶体管（简称 UJT）又称双基极二极管，是一种只有一个 PN 结和两个电阻接触电极的三端半导体器件。单结晶体管的基片为条状的高阻 N 型硅片，两端分别用电阻接触引出两个基极 b_1 和 b_2。在硅片中间略偏 b_2 一侧用合金法制作一个 P 区作为发射极 e。单结晶体管结构、符号及等效电路如图 4-3-5 所示，单结晶体管的特性主要表现在具有正的温度系数和具有阻值负向变化的特点。

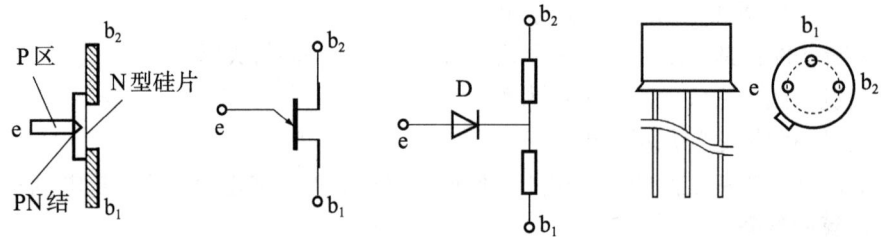

图 4-3-5　单结晶体管结构、符号及等效电路

2. 单结晶体管的测量

（1）判断单结晶体管发射极 e 的方法是：将万用表置于 R×1k 挡或 R×100 挡，将红、黑表笔分别接单结晶体管的任意两管脚，测量其阻值；接着对调红、黑表笔，测量此时电阻阻值。若第一次测得的电阻小，第二次测得的电阻大，则第一次测试时，黑表笔所接的管脚为发射 e。若两次测得的电阻值都一样，则这两个管脚是基极，另一个管脚是发射极。

（2）单结晶体管 b_1 和 b_2 的判断方法是：将万用表置于 R×1k 挡或 R×100 挡，黑表笔接发射极，红表笔分别接另外两管脚测阻值，两次测量中，电阻大的一次，红表笔接的就是 b_1 极。

（三）工作原理

图 4-3-1 的晶闸管调光电路，由 V_1~V_4 组成桥式整流电路，R_1、V_8 组成稳压电路，R_1 是 V_8 的限流电阻，V_5、R_2、R_3、R_4、R_P、C_1 组成单结晶体管触发电路，接通电源时，电容 C_1 由 R_4、R_P 供给的电流充电，使单结晶体管 V_7 电压 U_e 逐渐升高。当 U_e 达到峰点电压时，e~b_1 间导通，电容 C_1 的电压经 e~b_1 向电阻 R_3 放电，在 R_3 上输出一个脉冲电压。由于 R_4、R_P 的阻值较大，当电容 C_1 的电压降到谷点电压时，经由 R_4、R_P 供给的电流小于谷点电流，不能满足导通要求，于是单结晶体管 V_7 恢复阻断状态。然后电容 C_1 又重新充电，重复上述过程，结果在电容 C_1 形成锯齿状电压，在 R_3 形成脉冲电压。在交流电压的半个周期内，

单结晶体管电路都将输出一组脉冲。起作用的第一个脉冲去触发晶闸管 V_5 的控制极，使晶闸管 V_5 导通指示灯 EL 发光。改变 R_P 的阻值，可以改变电容充电的快慢，即改变半周内第一个脉冲出现的时间快慢，从而改变晶闸管 V_5 的导通角大小。进而改变可控整流电路的直流平均输出电压，达到调节指示灯亮度的目的。

三、技能实训

（一）提出任务

依据图 4-3-1 所示电路图，按照电子焊接工艺要求，正确完成晶闸管调光电路的安装与调试，并用示波器分别测量变压器输出电压 A 点、整流输出电压 B 点、电容两端电压 C 点和脉冲输出电压 D 点后绘制出其电压波形图。

变压器输出电压（A 点）波形图：

整流输出电压（B 点）波形图：

电容两端电压（C 点）波形图：

脉冲输出电压（D 点）波形图：

（二）实训过程

实训步骤及注意事项：

（1）电路安装前，先用仪器仪表检测元件好坏，并核对其数量和规格；分清晶闸管的阳极、阴极、控制极，分清单结晶体管的 b_1 极、b_2 极和 e 极，特别是 b_1 极、b_2 极不能出错；

（2）按照电路图及电子焊接工艺要求，将各元器件在电路板上进行布局、安装与焊接；

（3）电路安装完毕并经检查无误后，通电试运行，通过改变 R_P 的大小就可以改变指示灯的亮度；

（4）用示波器分别观察整流输出电压，指示灯两端电压和脉冲输出电压。

【任务评价】

任务的评分标准参照表4-3-2。

表4-3-2 评分标准

序号	项目	配分	评分标准	扣分	得分
1	线路板功能	40分	（1）通电测试时电路有冒烟、冒火或元件爆裂情况扣10分； （2）通电测试过程中，调试一次不成功扣5分；二次不成功扣10分，三次不成功扣15分； （3）调试过程中损坏元件，每只扣2分； （4）示波器的使用，不会使用示波器扣10分，使用操作不熟练扣3分； （5）能正确绘制波形图，幅值错误扣2分，频率错误扣2分，波形不标准扣2分		
2	线路板安装质量	50分	（1）有部分元件未装完、存在大量缺陷、有引脚损坏等严重隐患，扣10分； （2）有元件错装漏装、大部分元件方向不对、有引脚短路等严重隐患，扣10分； （3）存在漏焊、大部分元件虚焊等严重隐患，扣10分； （4）部分元件焊点不规范、线路板面不美观，扣2分； （5）太多元件焊接表面封装损坏、太多元件更换，扣10分； （6）有部分元件损坏、更换，扣3分		

续表

序号	项目	配分	评分标准	扣分	得分
3	安全文明生产	10分	（1）违反安全操作规程，扣3分； （2）操作现场工具、器具、仪表、材料摆放不整齐，扣2分； （3）劳动保护用品佩戴不符合要求，扣2分； （4）损坏工具、仪表，扣1分		
4	超时扣分		若未在规定时间（1小时）内完成，经教师同意，可适当延时，每超时5分钟，扣2分，以此类推		
说明：以上各项扣分最多不超过该项所配分值				成绩	
开始时间			结束时间		实际时间

【课后习题】

一、填空题

1. 普通晶闸管属于（　　　）器件，其中间 P 层的引出极是（　　　）。
2. 单结晶体管的结构中有（　　　）个基极。
3. 普通晶闸管的额定电压是用（　　　）表示的。
4. 普通晶闸管的额定电流是以工频（　　　）电流的平均值来表示的。
5. 单结晶体管有（　　　）个电极，其中发射极的文字符号是（　　　）。
6. 晶闸管 3CT12S 的额定电流是（　　　）A。
7. 晶闸管、单结晶体管、稳压管在电路图中的文字符号分别用（　　　）、（　　　）、（　　　）表示。
8. 单结晶体管触发电路通过调节（　　　）来控制调节控制角。

二、判断题

1. 单结晶体管是一种特殊类型的三极管。（　　　）
2. 晶闸管型号 KS20-8 表示三相晶闸管。（　　　）
3. 单结晶体管有三个电极，符号与三极管一样。（　　　）
4. 单结晶体管只有一个 PN 结，符号与普通二极管一样。（　　　）
5. 单结晶体管触发电路一般用于三相桥式可控整流电路。（　　　）
6. 晶闸管可用串联压敏电阻的办法实现过压保护。（　　　）
7. 普通晶闸管是四层半导体结构。（　　　）
8. 普通晶闸管可以用于可控整流电路三端集成稳压电路，选用时既要考虑输出电压，又要考虑输出电流的最大值。（　　　）

模块五　常见电力电子装置调试维护技能

任务一　面板操作MD320变频器控制三相异步电动机点动及正反转运行线路的安装与调试

【任务目标】

1. 知识目标

（1）了解变频器的定义、结构及工作原理。
（2）认识MD320变频器操作面板的名称和功能。
（3）掌握MD320变频器的基本参数的功能及设置方法。

2. 能力目标

（1）能根据三相异步电动机参数正确选择变频器型号。
（2）学会查看、更改、设置MD320变频器参数。
（3）熟练MD320变频器面板的基本操作。
（4）能独立操作MD320变频器面板控制电动机点动、正反转运行。

3. 思政素养目标

（1）培养学生安全文明生产的职业素养。
（2）弘扬爱岗敬业、精益求精的工匠精神。
（3）树立严谨的学习态度，培养改革创新的发展思维。

【任务描述】

某工厂电工组接到任务，要为原三相异步电动机（型号YSJ7124）选配一台启动控制器以实现电动机的软启动、软停机、调速等功能。试选购合适的变频器及相关配件，并连接电源，用面板操作方式调试变频器控制电动机点动及正反转运行。

【任务实施】

一、任务准备

任务准备清单参照表5-1-1。

表5-1-1　工具、仪表及器材

序号	名称	规格	数量	备注
1	变频器	自定	1台	汇川MD320

续表

序号	名称	规格	数量	备注
2	电动机	370 W/380 V/1.12 A	1台	YSJ7124
3	常用电工工具及仪表	自定	若干	螺丝刀、尖嘴钳、剥线钳、电笔、万用表等
4	其他配件	自定	若干	含熔断器、断路器、连接导线等

二、相关知识

（一）认识软启动器和变频器

软启动器（Soft Starter）是一种集电机软启动、软停车、多种保护功能于一体的新型电机控制装置，它的主要构成是串接于电源与被控电机之间的三相反并联晶闸管及其电子控制电路。变频器（Variable-frequency Drive，VFD）是应用变频技术与微电子技术，通过改变电机工作电源频率方式来控制交流电动机的电力控制设备。软启动器和变频器是两种不同用途的产品。变频器主要用于电动机调速，其输出不但改变电压而且同时改变频率；软起动器实际是个调压器，用于电机启动时避免冲击电流过载损坏电机，输出只改变电压，并没有改变频率。变频器具备所有软启动器功能，变频器的价格比较昂贵，结构也复杂得多。

变频器主要由整流电路、滤波电路、逆变电路、控制电路、制动单元等组成，如图5-1-1所示。变频器具有过流、过压、过载保护，电机软启停和电机调速等功能。

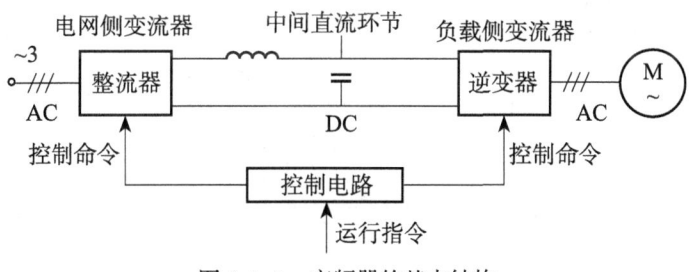

图 5-1-1　变频器的基本结构

（二）MD320 变频器

MD320变频器是汇川公司一款高性能通用型变频器，采用开环矢量和V/F控制方式，通过高性能的电流矢量控制技术实现异步电机控制。MD320标配RS485通信接口，支持Modbus RTU通信，可扩展I/O扩展卡、CAN通信扩展卡。内置PID可方便实现闭环过程控制系统，最多可实现16段速运行。

1. 铭牌信息

MD320变频器的铭牌信息及型号命名规则，如图5-1-2所示。

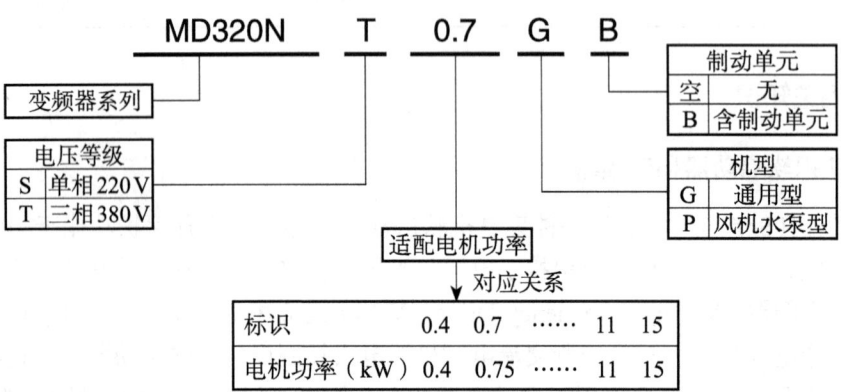

图 5-1-2 铭牌信息及命名规则

2. 操作面板

用操作面板，可对 MD320 变频器进行功能参数修改、工作状态监控、启停运行控制等操作，其外观及功能区如图 5-1-3 所示。

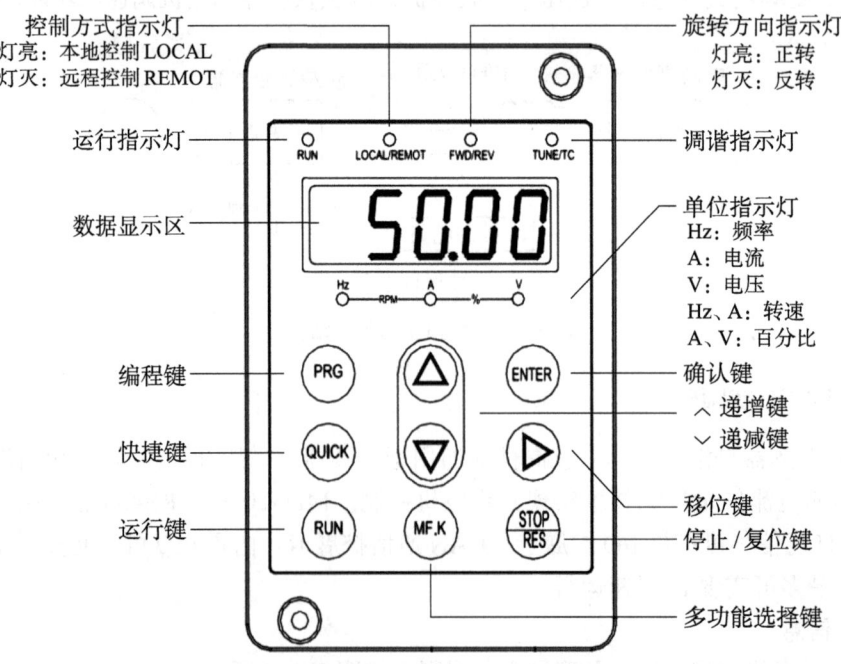

图 5-1-3 MD320 变频器操作面板示意图

3. 基本功能参数

表 5-1-2　基本功能参数

常用功能码	名称	设定范围及含义		说明
F0-00	机型显示	1	G 型（恒转矩负载机型）	该参数仅供用户查看出厂机型用，不可更改
		2	P 型（风机、水泵类负载机型）	
F0-01	控制方式	0	无速度传感器矢量控制（SVC）	SVC 指开环矢量。适用于通常的高性能控制场合，一台变频器只能驱动一台电机。如机床、离心机、拉丝机、注塑机等负载。
		1	有速度传感器矢量控制（VC）	VC 指闭环矢量。必须加装编码器和 PG 卡，适用于高精度的速度控制或转矩控制的场合。一台变频器只能驱动一台电机。如高速造纸机械、起重机械、电梯等负载。
		2	V/F 控制	V/F 控制适用于对负载要求不高或一台变频器拖动多台电机的场合，如风机、泵类负载。可用于一台变频器拖动多台电机的场合
F0-02	命令源选择	0	操作面板命令通道（LED 灭）	操作面板命令通道（"LOCAL/REMOT"灯灭）：由操作面板上的 RUN、STOP/RES 按键进行运行命令控制。
		1	端子命令通道（LED 亮）	端子命令通道（"LOCAL/REMOT"灯亮）：由多功能输入端子 FWD、REV、JOGF、JOGR 等进行运行命令控制。
		2	串行口通信命令通道（LED 闪烁）	串行口通信命令通道（"LOCAL/REMOT"灯闪烁）：运行命令由上位机通过通信方式给出
F0-03	主频率源选择	0	数字设定 UP、DOWN 调节（不记忆）	不记忆指变频器掉电后，设定频率值恢复为 F0-08（预置频率）值。记忆是指变频器掉电后重新上电时，设定频率为上次掉电前的设定频率。 AI_1、AI_2、AI_3 指频率由模拟量输入端子确定。 脉冲给定只能从多功能输入端子 DI_5 输入，脉冲信号规格：电压范围 9～30 V、频率范围 0～50 kHz。 选择多段速运行方式，需要设置 F4 组（输入端子）和 FC 组（多段速和 PLC）参数来确定给定信号和给定频率的对应关系。 主频率源为简易 PLC 时，需要设置 FC 组（多段速和 PLC）参数来确定给定频率。 选择 PID 控制时，需要设置 FA 组（PID 功能）参数，变频器运行频率为 PID 作用后的频率值，其中 PID 给定源、给定量、反馈源等的含义需参考 FA 组参数。 通信给定指主频率源由上位机（例如 PLC）通过通信方式给定
		1	数字设定 UP、DOWN 调节（记忆）	
		2	AI_1	
		3	AI_2	
		4	AI_3	
		5	PULSE 脉冲设定（DI_5）	
		6	多段速	
		7	简易 PLC	
		8	PID	
		9	通信给定	

续表

常用功能码	名称	设定范围及含义		说明
F0-08	预置频率源	0 Hz～最大频率		当主频率源选择为"数字设定"时,该功能码的值为变频器的输出频率初始值
F0-09	运行方向	0	方向一致	通过更改该功能码可以在不改变其他任何参数的情况下改变电机的转向,其作用相当于通过对调电机(U、V、W)任意两条相线实现电机旋转方向的转换
		1	方向相反	
F0-10	最大频率源	50～300 Hz		
F0-17	加速时间	0～6500 s		加速时间指变频器从 0 Hz 加速到最大输出频率(F0-10)所需时间 T_1。 减速时间指变频器从最大输出频率(F0-10)减速到 0 Hz 所需时间 T_2。
F0-18	减速时间	0～6500 s		
F7-1	MF.K键功能选择	0	MF.K 无效	在停机和运行中均可以通过此键进行切换。设为 0 时此键无功能。设为 1 时为命令源的切换,指从当前的命令源切换至键盘控制(即本地操作面板命令通道);如当前的命令源为键盘控制,此命令不起作用。 "正反转切换"功能只在操作面板命令通道时有效。 "正转点动"指通过键盘 MF.K 键实现正转点动(FJOG)操作
		1	操作面板命令通道与远程命令通道(端子命令通道或串行口通信命令通道)切换	
		2	正反转切换	
		3	正转点动	
F8-00	点动运行频率	0 Hz～最大频率		

续表

常用功能码	名称	设定范围及含义	说明
F8-01	点动加速时间	0~6500 s	在实际操作过程中，为了达到明显的点动效果，一般将点加/减速时间设成较小的时间或者是0秒
F8-02	点动减速时间	0~6500 s	

4. 主电路端子

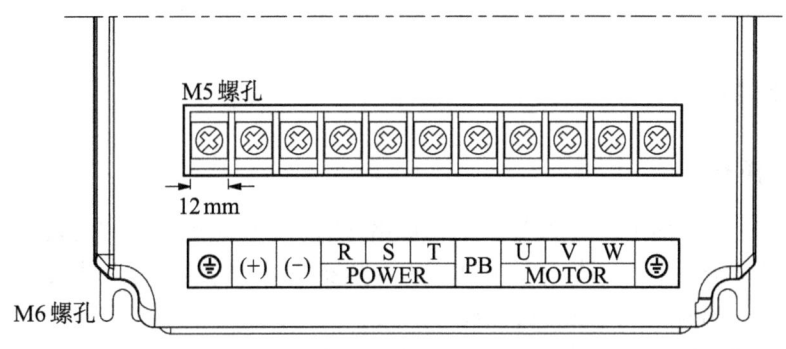

图 5-1-4　MD320变频器主电路端子外观

MD320变频器主电路端子的外观如图5-1-4所示，端子名称及功能见表5-1-3。

表 5-1-3　端子功能表

端子标记	名称	说明
R、S、T	三相电源输入端子	交流输入三相电源连接点
(+)、(-)	直流母线正、负端子	共直流母线输入点(37 kW以上外置制动单元的连接点)
(+)、PB	制动电阻连接端子	30 kW以下制动电阻连接点
P、(+)	外置电抗器连接端子	外置电抗器连接点
U、V、W	变频器输出端子	连接三相电动机
⏚	接地端子	接地端子

（三）变频器选型原则

（1）基本原则：变频器的额定电流应大于电机额定负载电流。一般情况下按型号所规定的配用电机容量进行选择，注意比较电机和变频器的额定电流。变频器的过载能力大于启动和制动过程才有意义。凡是在运行过程中有短时过载的情况，会引起负载速度的变化。如果对速度精度要求比较高时，考虑调高一个挡次。

（2）风机和水泵类型负载：此类负载在过载能力方面要求较低，由于负载转矩与速度的平方成正比，所以低速运行时负载较轻，又因为这类负载对转速精度没有特殊要求，故选择平方转矩 V/F。

（3）恒转矩负载：多数负载具有恒转矩特性，但在转速精度及动态性能等方面要求一般不高。例如挤压机、搅拌机、传送带、厂内运输电车、吊车的平移机构等。选型时可选多段 V/F 运行方式。

（4）被控对象有一定的动、静态指标要求：这类负载一般要求低速时有较硬的机械特性，才能满足生产工艺对控制系统的动、静态指标要求。选型时可选择 SVC 控制方式。

（5）被控对象有较高的动、静态指标要求：对于调速精度和动态性能指标都有较高要求及高精度同步控制的场合，可采用 VC 控制方式。例如电梯、造纸，以及塑料薄膜加工生产线。

三、技能实训

（一）提出任务

参照如图 5-1-5 所示的原三相异步电动机铭牌信息，试选配合适的变频器及相关配件，连接设备并通电调试，用面板操作的方式实现变频器控制电动机进行点动及正反转运行。

（1）点动加、减速时间均为 0 s，点动运行频率为 10 Hz。

（2）正反转加、减速时间均为 3 s，正反转运行频率为 45 Hz。

（3）三相异步电动机在连续运行时，正反转状态可以直接切换。

（4）控制电路中要有短路、过载保护功能。

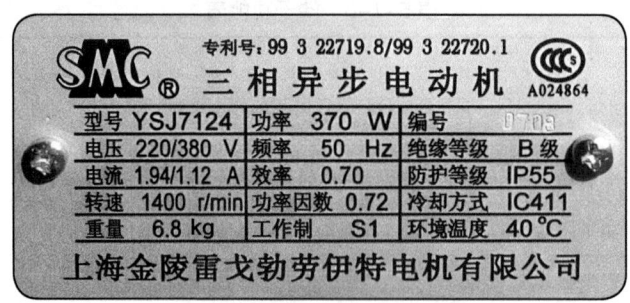

图 5-1-5　某品牌三相异步电动机铭牌

（二）实训过程

1. 选型变频器及相关配件

根据变频器的选型原则和原三相异步电动机的铭牌额定参数，选择型号为汇川 MD320NT0.7G/1.5kVA/IN3.4A/OUT2.1A 的变频器可满足控制要求，按表 5-1-4 填好其他选型配件。

表 5-1-4　配件选型表

配件名称	品牌型号	额定参数	备注
变频器	汇川MD320NT0.7G	1.5kVA/IN3.4A/OUT2.1A	
熔断器			
断路器			
连接导线			

2. 绘制变频器电气原理图及接线

根据控制要求,绘制变频器控制线路的电气原理图,如图 5-1-6 所示,电路中的熔断器FU 起到短路保护作用,断路器QF 起到欠电压、过载保护作用和实现开关控制功能。确认断开电源开关后才可以进行配线接线操作,接点必须牢固,变频器和电动机必须可靠接地,否则有触电危险。

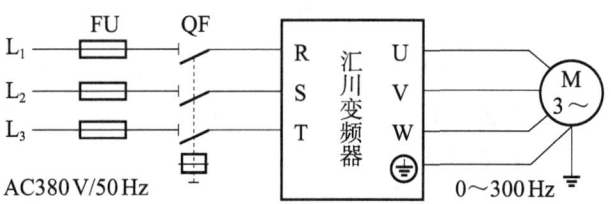

图 5-1-6　变频器的电气原理图

3. 设置变频器参数及调试运行

根据控制要求,设置变频器参数见表 5-1-5 所示。每次设置参数前先恢复出厂设置(FP-01=1),可以避免一些参数冲突和紊乱,提高调试成功率。

表 5-1-5　变频器参数表

面板点动运行设置参数			面板正反转运行设置参数		
功能码	名称	设定值	功能码	名称	设定值
FP-01	参数初始化	1	FP-01	参数初始化	1
F0-01	控制方式	2	F0-01	控制方式	2
F0-02	命令源选择	0	F0-02	命令源选择	0
F7-01	点动功能键	3	F0-08	预置频率	45
F8-00	点动运行频率	10	F0-09	运行方向	1
F8-01	点动加速时间	0	F0-17	加速时间	3
F8-02	点动减速时间	0	F0-18	减速时间	3
			F7-01	正反转切换功能键	2

【任务评价】

任务的评分标准参照表5-1-6。

表5-1-6 评分标准

序号	项目	配分	评分标准	扣分	得分
1	变频器及相关配件选型	20分	（1）正确选择变频器型号，型号中未体现变频器品牌、相数、功率、额定参数的扣5分； （2）正确选择配件，每少选一个功能（短路、过载）配件扣3分，选配不合理每处扣2分		
2	绘制电气原理图及接线	40分	（1）正确画出电气原理图，不符合电气制图规范每错1处扣2分；未画或未标明输入电源扣4分；未画或未标明接地扣2分；电路没有短路、过载保护功能扣2分，最多扣20分； （2）正确连接变频器接线，接线错误每处扣5分，接线不规范每处扣2分，最多扣20分		
3	参数设置及调试	30分	（1）面板点动参数中，每设置错1个扣2分，面板操作完全不能点动运行的扣6分，能点动但未按10 Hz点动频率运行的扣3分； （2）面板正反转参数中，每设置错1个扣2分；面板操作完全不能连续运行的扣6分；能转动但未按45 Hz频率运行的扣3分；电动机没有正反转区分，都是同一个方向旋转扣5分；不能实现电动机正反转直接切换扣5分； （3）按下STOP键，电动机不能停止扣3分		
4	安全文明生产	10分	（1）违反安全操作规程，扣3分； （2）操作现场工具、器具、仪表、材料摆放不整齐，扣2分； （3）劳动保护用品佩戴不符合要求，扣2分		
5	超时扣分		若未在规定时间（1小时）内完成，经教师同意，可适当延时，每超时5分钟，扣2分，以此类推		
说明：以上各项扣分最多不超过该项所配分值				成绩	
开始时间			结束时间	实际时间	

【课后习题】

一、填空题

1. 软启动器的输出只改变（　　　　），而变频器的输出不仅改变（　　　　　），同时也改变（　　　　）。

2. 型号为 MD320 S0.4 G 的汇川变频器适配电机的功率是（　　　　）W。

3. 变频器上电后，若面板指示灯"LOCAL/REMOT"熄灭表示变频器处于（　　　　）状态。

4. 汇川 MD320 变频器面板的数码显示区可显示（　　　　）位数字或字母。

5. 汇川 MD320 变频器主电路端子"PB"与"(+)"之间连接的是（　　　　）。

二、判断题

1. 用变频器控制电动机时，电机额定负载电流不能超过变频器的额定电流。（　　）

2. 用变频器控制风机和水泵类型电动机负载时，一般采用 V/F 控制方式。（　　）

3. 变频器的运行环境温度范围一般为 -10℃～50℃。（　　）

4. 一台变频器只能拖动一台电机。（　　）

5. 汇川 MD320 系列变频器最多能实现 16 段速度。（　　）

任务二　直流充电桩电路的运行维护与故障处理

【任务目标】

1. 知识目标

（1）了解充电桩的定义、分类及功能。

（2）认识直流充电桩的内部结构，并理解其电气原理。

（3）掌握直流充电桩的运行维护与故障处理方法。

2. 能力目标

（1）能正确操作使用、运行和维护充电桩。

（2）能对直流充电桩的简单故障进行分析、排除及处理。

3. 思政素养目标

（1）培养学生安全文明生产的职业素养。

（2）弘扬爱岗敬业、精益求精的工匠精神。

（3）树立严谨的学习态度，培养改革创新的发展思维。

【任务描述】

某充电站技术员接到任务，需到现场处理充电桩充电技术故障问题。客服接到充电用户电话咨询和求助，反映其车辆充电到显示SOC为70%或80%时，充电桩自动结束充电。试选配任务所需工具，并尝试分析处理充电桩充电故障，解决用户遇到的问题。

【任务实施】

一、任务准备

任务准备清单参照表5-2-1。

表5-2-1　工具、仪表及器材

序号	名称	规格	数量	备注
1	常用电工工具及仪表	自定	若干	螺丝旋具、钳具、电笔、万用表等
2	BMS测试仪	自定	1台	专业仪器
3	其他器材	自定	若干	导线

二、相关知识

（一）认识充电桩

充电桩，又称为电动汽车充电站或电动汽车供电设备，是一种为电动汽车提供电能的装置。充电桩可以从安装地点、充电接口数、安装方式、充电技术等不同维度进行分类。按安装地点可分为公共充电桩、专用充电桩及自用充电桩；按充电接口数可分为一桩一充和一桩多充；按安装方式可分为落地式充电桩和壁挂式充电桩；按照充电方式即充电技术，可分为交流充电桩（慢充）和直流充电桩（快充）。

交流充电桩将电网中的交流电直接输送到电动汽车的车载充电机（On Board Charger, OBC），由车载充电机将交流电转换为直流电充入电池。目前国内市场主要有两种功率的车载充电机：一是 3.3 kW（IN：220 V AC/16 A，OUT：200～420 V DC/10 A）；二是 6.6 kW（IN：220 V AC/32 A，OUT：200～420 V/20 A）。交流充电桩输出电流小，充电速度慢，所以称为"慢充"。交流充电桩提供单路或双路 220 V AC/380 V AC 输出接口，为电动汽车的车载充电机提供电源，交流充电桩基本结构由箱体、安全配电盘、磁电开关、电量计量、刷卡消费和智能管理系统组成。

直流充电桩则直接将直流电输送到电动汽车的电池中，内置有大功率直流充电模块，输出电流可达 100 A，通常充电速度更快，故被称为"快充"。直流充电桩的输入电压一般采用三相四线，输出为可调直流电，直接为电动汽车的动力蓄电池充电，一般充电功率 10～40 kW，充电时间 1～4 h，输出的电压和电流调整范围大。直流充电桩作为一种系统集成产品，其基本构成包括功率单元（直流充电模块）、监控单元（控制器）、计量单元（电表）、充电接口、供电接口、人机交互界面等。

（二）充电桩的工作原理

交流充电桩的电气系统原理框图如图 5-2-1 所示。主回路由输入断路保护器（QF）、交流智能电能表（SM）、交流控制接触器（KM）和充电接口连接器（插座）组成。二次回路由控制继电器、急停按钮、运行状态指示灯、充电桩智能控制器和人机交互设备（显示模块、输入模块和刷卡）组成。

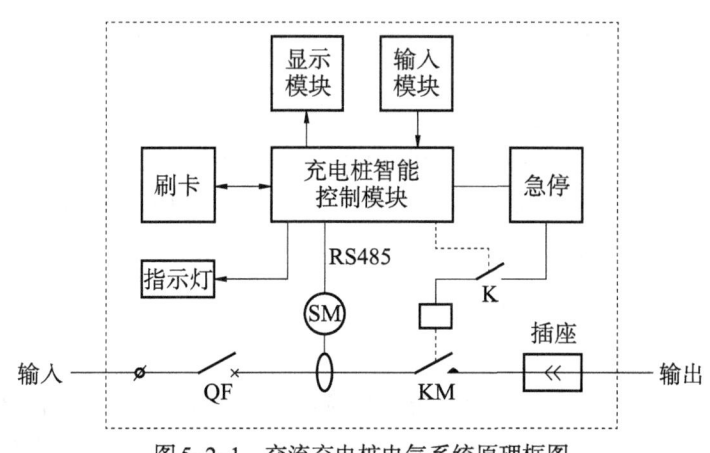

图 5-2-1 交流充电桩电气系统原理框图

直流充电桩的电气系统原理框图如图 5-2-2 所示。直流充电桩的电气部分由主回路和二次回路组成。主回路的输入是三相交流电,经过输入断路器、交流智能电能表之后由整流模块将三相交流电转换为电池可以接受的直流电,再通过直流接触器连接熔断器和充电枪,给电动汽车充电。二次回路由充电桩主控单元(主控板)、监控单元(监控板)、读卡器、显示屏、直流电表、传感器等组成。二次回路提供"启停"控制与"急停"操作;信号灯提供"待机""充电"与"告警"状态指示;显示屏作为人机交互设备则提供刷卡、充电方式设置与启停控制操作。直流充电桩基本工作原理是充电桩外端引入市电(三相电),交流电在充电桩内部通过主控单元(主控板)的控制和整流模块的整流处理(AC/DC 转换)而产生输出直流电,再通过监控单元(监控板)的监控及各部件的协调工作,桩体向汽车电池传输指定大小和功率的直流电。

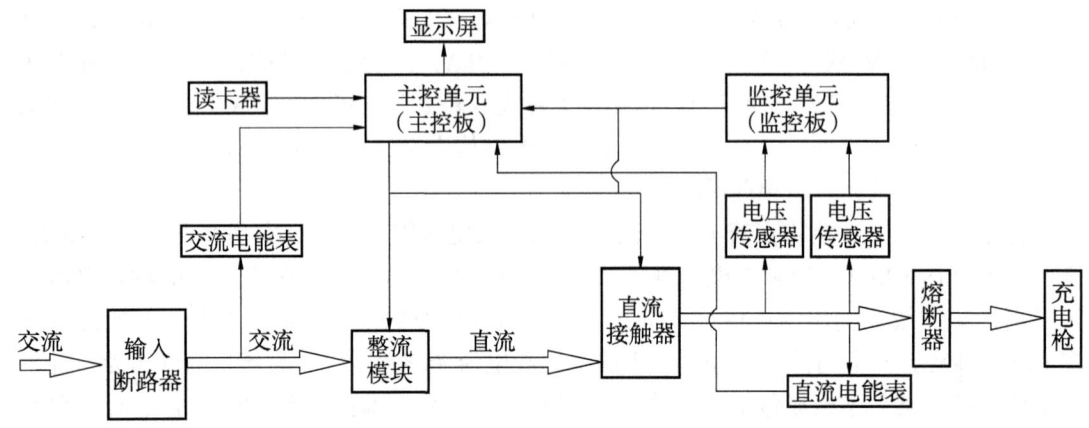

图 5-2-2　直流充电桩电气系统原理框图

(三)充电桩的充电技术要求与测试

目前随着电动汽车技术的发展,对充电桩的充电技术要求表现为高安全性、快速化、通用化、智能化、集成化、电能转换高效化、对蓄电池寿命影响小和操作简单化等要求。充电桩的测试标准应符合相关的国家标准、能源局标准(行业标准)和电网标准(企业标准)。充电桩电气技术指标的测试主要有功率因素测试、效率测试、输入输出电流测试、浪涌电流测试、启动冲击电流测试、输入电压调整率测试、负载调整率测试、短路保护测试、过压保护测试、输入电压变动测试和额定负载下充电桩输出测试等。充电桩电磁兼容指标的测试主要有静电放电抗干扰度、射频电磁场辐射抗干扰度、电快速脉冲群抗干扰度、浪涌冲击抗干扰度、电压暂降和短时中断抗干扰度等。充电桩安全规格指标的测试主要有抗电强度测试、泄露电流测试、绝缘阻抗测试、接地电阻测试、静电破坏测试和雷击测试等。

(四)充电桩的维护与故障处理

1. 充电桩的日常维护

充电桩的日常检查项目包括充电车位环境检查、充电桩桩体检测、内部组件检查、功能检测、电气及控制系统检查、记录检查和运行中检查等。充电桩的定期检查项目有定期除尘、定期检查电路绝缘性能。充电桩维护时的注意事项包括做好安全防护措施，穿绝缘鞋，悬挂安全提示牌；一人维护操作，一人监护，严禁单人操作；发现问题及时处理，避免更大损失；配备充电桩维护工具；每次维护后及时清理，认真检查有无遗漏的螺钉及导线等，防止小金属物品造成短路事故。

2. 充电桩的故障处理

充电桩故障诊断排除的基本环节包括检查、分析、检测和判断。故障诊断排除的过程是一个检查、分析与检测交错进行、循环往复、逐步接近故障点的过程。充电桩的维修原则：一是熟悉电路原理，先通过思考分析确定检修方案，后着手检修。二是先外部，后内部；先机械，后电气；先简单，后复杂；先静态，后动态；先电源电路，后功能电路。充电桩的检修一般程序：观察调查故障现象→试用待修电动汽车充电桩了解故障→分析故障原因→初步确定故障范围、缩小故障部位→判断故障大致范围，判断故障部位→查找排除故障→还原调试。充电桩故障检查方法有直观法、对比法、替换法、插拔法、系统自诊断法、参数查找法、断路/短路法、仪器测量比较法、状态分析法、回路分割法、敲击法、逻辑推理分析法、原理分析法等。

故障处理实例一

故障现象：充电桩无法充电。

故障分析与处理：导致充电桩无法充电的原因主要有充电桩离线和充电桩显示二维码格式错误。先看充电站里有无其他显示在线的充电桩，若有，选择在线的充电桩，观察充电桩桩体上标识是否 App 支持的充电桩，只有使用对应运营商的充电 App 才能启动充电。

故障处理实例二

故障现象：充电桩上电后故障报警黄灯指示灯闪烁。

故障分析与处理：若充电桩显示屏显示充电模块通信异常，打开桩柜门，查看交流进线开关是否处于闭合状态，保证充电模块处于待机状态。若充电桩显示屏显示交流输入异常，用万用表测量充电桩交流输入端电压，查看是否出现缺相、交流输入电压过低或过高。

故障处理实例三

故障现象：充电桩充电过程中，中途停止充电。

故障分析与处理：①检查电源是否断电。若电源正常，检查充电电缆是否连接完好，确认充电连接装置电缆是否虚接。②检查充电连接装置开关是否被按下。若被按下，需重新连接充电连接装置，启动充电。③检查动力电池温度是否过高。车辆组合仪表若显示动力电池温度过高，充电会自动停止，待电池冷却后再充电。

三、技能实训

（一）提出任务

某充电站有台充电桩出现充电技术故障，在车辆充电到显示 SOC 为 70% 或 80% 时，充电桩自动结束充电。试选配所需工具分析处理充电故障，并运行维护该充电桩。

（二）实训过程

1. 选择任务所需工具及器件

本任务所需工具及器件有哪些？

答：_____

_____

_____

_____

2. 故障分析与处理

故障分析（用文字陈述）：_____

_____

_____

_____

_____

_____

故障处理（用文字陈述）：_____

_____

_____

_____

_____

_____

电动汽车充电桩故障检查有哪些方法？

答：_____

_____

_____

_____

_____

【任务评价】

任务评分标准参照表5-2-2。

表5-2-2 评分标准

序号	项目	配分	评分标准	扣分	得分
1	选用工具	20分	（1）正确选择维护维修工具，每少选1样必要工具扣3分，最多扣15分； （2）BMS测试仪使用不熟练，扣2分；完全不会使用扣5分		
2	故障现象分析与处理	40分	（1）未能正确口述故障现象，扣5分； （2）故障分析的文字表达不够准确，扣5分；文字描述中有错别字或语句不通顺的每处扣1分，最多扣7分； （3）故障处理的文字表达不够准确，扣5分；文字描述中有错别字或语句不通顺的每处扣1分，最多扣7分； （4）未能正确用文字形式描述充电桩故障检查方法，扣5分；完全不知道充电桩故障检查方法，扣10分		
3	充电桩操作与维护	30分	（1）能根据故障现象对充电桩进行操作，但操作不熟练扣4分；完全不会操作，扣6分； （2）对充电桩充电故障处理不正确，扣10分； （3）对充电桩日常维护不熟悉，扣7分		
4	安全文明生产	10分	（1）不符合安全操作规程，扣3分；劳动保护用品佩戴不符合要求，扣2分； （2）操作现场中出现严重违反安全生产法，扣5分		
5	超时扣分		若未在规定时间内完成，经教师同意，可适当延时，每超时5分钟，扣2分，以此类推		
说明：以上各项扣分最多不超过该项所配分值				成绩	
开始时间			结束时间	实际时间	

故障分析与处理参考：

现场观察发现该充电桩在运行充电过程中，液晶显示屏显示SOC为70%或80%时，充电电流由100 A下降到75 A，再下降到25 A，最后停止充电，在充电终止时SOC没有达到100%。更换另一辆电动汽车充电并不存在此现象，由此判断可能是车辆问题。经用BMS测试仪对原车辆电池检测发现，由于某节电池的单体电压达到3.5 V，所以BMS给充电桩下发了指令要求电流变小，最后终止充电。因电池的实际电压值达到设置的单体最高电压值，达到这个指标时，SOC不论是多少，都会按上述流程来操作，发出停止充电指令。

【课后习题】

一、填空题

1. 按照充电方式及充电技术，电动汽车充电桩可分为（　　　　）充电桩和（　　　　）充电桩。

2. 安装在电动汽车内部可将交流电转换为直流电的车载充电机简称为（　　　　）。

3. 专业术语BMS是指（　　　　），其作用是监控和管理电池的各项性能，以确保电池的安全、稳定和长寿命运行。

4. 电动汽车充电设施可分为（　　　　）、（　　　　）、（　　　　）、充换电站四种类型。

5. 电动汽车充电桩具有相应的（　　　　）、（　　　　）和安全防护功能。

二、判断题

1. 泄露电流测试、绝缘阻抗测试和雷击测试都是充电桩安全规格指标测试。（　　）

2. 静电放电抗干扰度和静电破坏测试属于充电桩电磁兼容指标测试。（　　）

3. 电动汽车充电设施的业务模式主要有整车充电模式和蓄电池更换模式，目前我国主要以整车充电模式的充电桩为主。（　　）

4. 我国电动汽车GB/T20234插座详细规定了充电电流为16 A、32 A、250 A交流和400 A直流的连接分类方式。（　　）

5. 电动汽车仪表的SOC是指电池的充电状态，也称为剩余电量。（　　）

参考文献

［1］谢京军.电力拖动控制线路与技能训练［M］.6版.北京：中国劳动社会保障出版社，2020.

［2］王建.电子基本操作技能［M］.5版.北京：中国劳动社会保障出版社，2017.

［3］陈惠群.电工仪表与测量［M］.4版.北京：中国劳动社会保障出版社，2007.

［4］深圳市汇川技术股份有限公司.H1U/H2U系列可编程控制器指令及编程手册［M］.V2.0版.

［5］深圳市汇川技术股份有限公司.MD320系列模块化矢量型变频器用户手册［M］.V3.3版.

［6］周志敏，纪爱华.电动汽车充电桩安装调试与运行维护［M］.1版.北京：化学工业出版社，2018.